发现数学好玩

点亮兴趣之路

祝《小钟数学》团队为青少年

科普作出更大贡献！

林群

2021年7月23日

百万粉丝数学大V 超模君
《中小学数学》期刊副主编 方运加 著

北京大学出版社
PEKING UNIVERSITY PRESS

推荐序

发现数学好物
点亮兴趣之路

数学是什么?

数学是研究数量关系和空间形式的一门科学。有关数学的名人名言有很多，有人说：数学是一门别具匠心的艺术。数学是科学之王。数学是人类智慧皇冠上最灿烂的明珠。数学家克莱因说：“音乐能激发或抚慰情怀，绘画使人赏心悦目，诗歌能动人心弦，哲学使人获得智慧，科学可改善物质生活，但数学能给予以上的一切。”

数学与我们的生活形影相伴。大到宇宙航天飞船，小到生活中的琐碎事情，处处都离不开数学。数学家华罗庚形象地描述了数学的作用：“宇宙之大，粒子之微，火箭之速，化工之巧，地球之变，生物之谜，日用之繁，无处不用数学。”然而，现实生活中，数学却让很多人望而生畏。很多孩子害怕学习数学，甚至讨厌数学，数学教学有时竟变成空洞的解题训练，我认为这或许不是数学的错。知其利而不近之，其实原因很简单，那就是数学有点“严肃”、有点“难”。

亲爱的小读者们，其实数学并非你所想象的那么难、那么不可爱，只不过需要找对方法。爱因斯坦曾说过“兴趣是最好的老师”，著名的教育家陶行知先生提出“生活即教育”，那有没有办法同时做到这两点，

甚至将这两点结合起来呢?

我认为《1 分钟数学》做到了。从兴趣上来说，《1 分钟数学》采用了小读者们喜闻乐见的漫画形式，用故事引入数学概念、定理及公式，这些远比枯燥的文字更能吸引小读者们的注意力，容易激发他们的好奇心和求知欲，也不会让他们的阅读负担加重。

从教育上来说，《1 分钟数学》从小读者们熟悉的生活场景出发，很多数学概念、数学思考都是由生活中不起眼的一件件小事引起的，如测视力、剪纸、垃圾分类、吃饭、搭积木等，你会不禁感慨，原来数学还藏在这些生活小事里。而且，《1 分钟数学》还包含了大量的、内容丰富的由数学引申、扩展出来的“小知识”，把数学史、文化史等融入其中。这是数学，但不只是数学。

除此之外，《1 分钟数学》也让小读者们有充满乐趣的阅读体验，除了现实生活，还融合了童话故事，有会说话的大树、乌鸦，这些充满乐趣的角色给故事的主角带来了很多欢乐，我相信也会给小读者们带来乐趣。

该书在内容的设置上也颇为用心，从生活中的数学入手，抛出数的概念、数与计算、平面几何、立体几何、统计与图表、行程问题等数学知识，这些知识不仅涵盖了小学数学的内容，而且是小学数学学习中需要掌握的要点。

数学之美、数学之趣、数学之用远不止这些，让我们一起来探索这个神秘的数学世界吧！热爱数学，它将会让你受益终生。

中国科学院院士、数学家 林群

目录

生活中的数学

二 数的概念

三 数与计算

四 平面几何

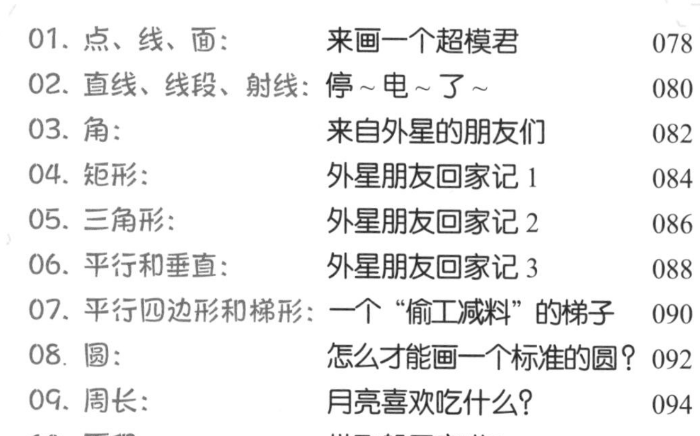

五 立体几何

六 统计与图表

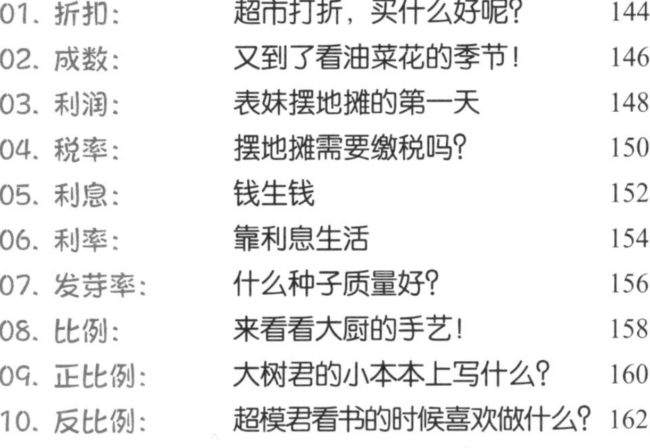

七 金钱问题

八 行程问题

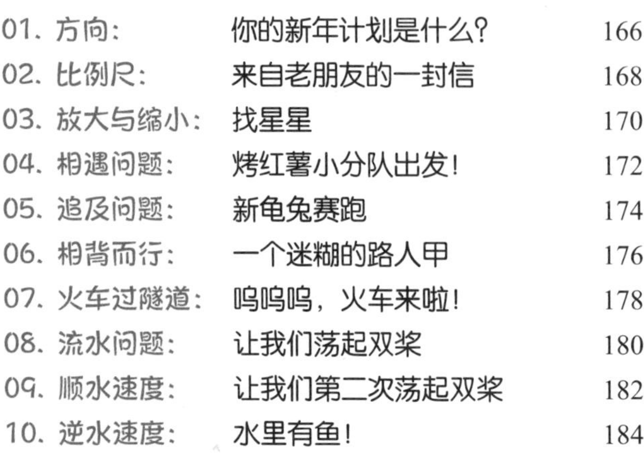

九 典型问题

数学广角

生活中的数学

 01 位置：一起来测视力吧！

视力表只有一种吗？当然不是。

常见的由字母“E”组成的视力表，叫“国际标准视力表”，也叫“E表”。

还有一种由字母“C”组成的“C表”，我国招收飞行员时采用这种视力表。

位置

生活中的位置有上、下、左、右、前、后。

下图是一张“C表”，你能在括号里写出“C”的开口的位置吗？

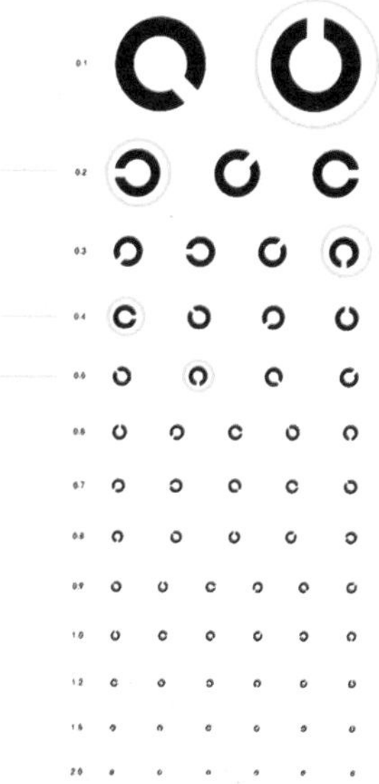

观察物体：表妹在做什么？

在古代，一位名叫苏东坡的大诗人在游览庐山时发现，从庐山的正面、侧面、远处、近处看，它的样子都不一样。于是，他写下一首诗：

《题西林壁》

横看成岭侧成峰，远近高低各不同。
不识庐山真面目，只缘身在此山中。

观察物体

观察物体时要多从几个方向看一看，这样可能会看到不同的结果哦！

从漫画中可以知道，超模君站在表妹的（　　），看到的表妹和下图一致。

A. 前面　B. 左边　C. 右边　D. 后面

03 对称：一起来剪纸吧！

先拿一张正方形的纸，对折成一个三角形。

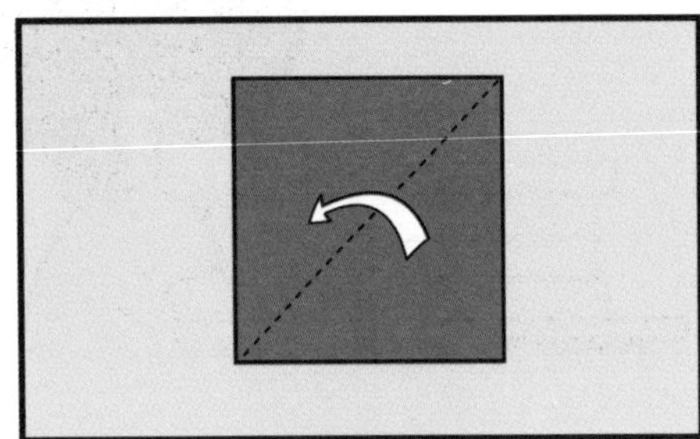

然后画两条线，
再在三角形上写半个又大又宽的“春”字。

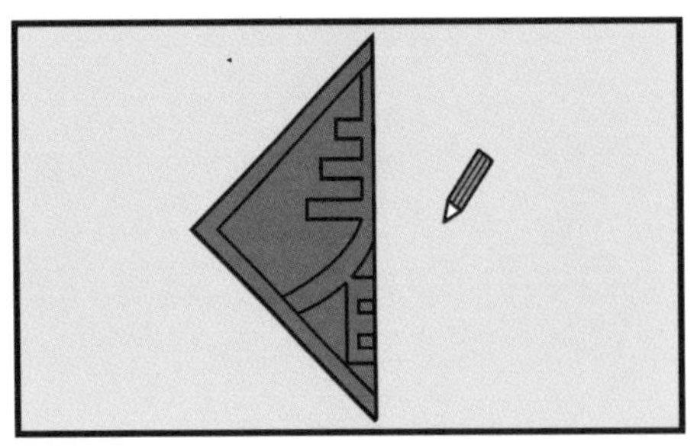

最后把“春”以外的部分剪掉。

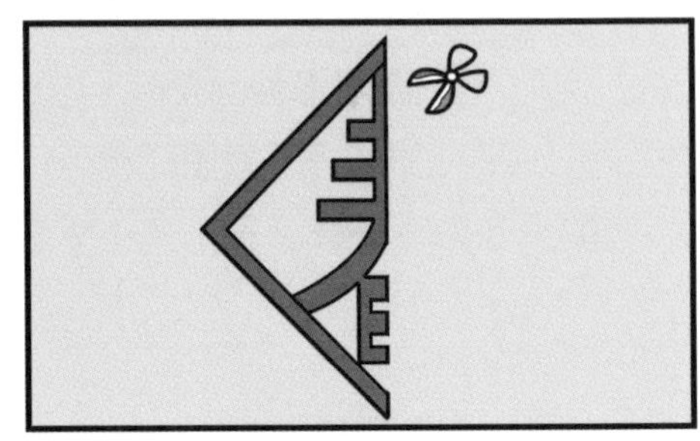

你会剪“春”字吗？

剪纸可是一门古老的艺术，以前逢年过节或新婚的时候，人们会将鲜艳的剪纸贴在墙上、窗上、门上或灯笼上作为装饰。2009年，剪纸被列入《人类非物质文化遗产代表作名录》。

根据剪纸的手法，可以将其分为许多种类，而将纸折叠起来，再剪出均匀对称的花纹的剪纸，叫作“折叠剪纸”。

对称

一个图形，如果沿一条直线对折后，两侧图形能完全重合，那么这个图形就是轴对称图形。

表妹和超模君学剪纸，下列哪个字不能用“折叠剪纸”的方式剪出来？

A. 囍　　B. 干　　C. 工　　D. 入

04 平移：游乐园一日游 1

世界上降落高度最高的跳楼机有多高呢?

约有 120 多米高。如果一层楼高 3 米，那它比一栋 40 层的楼还高!这个跳楼机在美国六旗大冒险游乐园，名字叫作“大暴跌”。

平移

在同一平面内，将一个图形上的所有点都按照某个直线方向做相同距离的移动，叫作图形的平移运动，简称平移。图形平移后，图形的形状和大小不会发生变化。

你还知道游乐园中哪些游戏项目是做平移运动的吗?生活中又有哪些平移现象呢?

05 旋转：游乐园一日游 2

此时表妹和超模君在摩天轮的最右边

最早的摩天轮是美国人乔治•法利士设计的，建造在美国的芝加哥，目的是要和巴黎的地标建筑埃菲尔铁塔一较高下。

旋转

在平面内，图形围绕一个点转动，叫作图形的旋转。图形旋转后，图形的大小和形状不会发生变化，但位置变了。

超模君和表妹此刻在摩天轮的最右边，假如摩天轮旋转方向为逆时针（和钟表转动的方向相反），那么超模君和表妹会先到达摩天轮的最高点还是最低点？假如摩天轮旋转方向为顺时针呢？

06

符号：小鸭子的大嘴巴

这是一只贪吃的小鸭子，
每天都要吃许多小鱼！

现在左边有0只鱼，右边有1只鱼。

鸭子游呀游，
左边出现了5只小鱼，
右边出现了1只小鱼。

0小于1，于是鸭子转头，
开口朝右的是小于号。

贪吃的鸭子要吃数量多的小鱼，所以
它的嘴巴总是朝向数字大的一边。
5大于1，所以鸭子嘴巴朝左边，
开口朝左的是大于号。

表妹真厉害！
这样就不怕
分不清“>”和“<”了！

为什么表妹的影子是黑色的呢?

这是因为光是沿直线传播的，表妹的手挡住了光，被挡住的部分就是暗的，其余地方是亮的，因此形成了影子。

符号

大大嘴巴朝大数，尖尖嘴巴朝小数。

现在，你知道了“大大嘴巴朝大数，尖尖嘴巴朝小数”，请你在“○”里填上“>”或“<”。

5 ○ 2　　0 ○ 3　　2 ○ 10　　8 ○ 4

07 加减法：一盏神奇的阿拉丁神灯

你喜欢看故事书吗？

阿拉伯民间故事集《一千零一夜》中，有一篇名叫《阿拉丁神灯》，讲述了一个名叫阿拉丁的少年在一个巫师的引导下得到了一盏神灯，神灯帮助阿拉丁实现愿望的故事。

加减法

加法和减法是基本的四则运算，加法是指将两个或两个以上的数、量合起来，变成一个数、量的计算，表示加法的符号为“+”。

用一个数减去另一个数的运算叫作减法，表示减法的符号是“-”。

阿拉丁神灯给表妹出了几道数学题，表妹全都答对的话，阿拉丁神灯可以帮表妹实现一个愿望，你能帮帮表妹吗？

$2+4=$　　$16+8=$　　$3+19=$

$9-4=$　　$5-2=$　　$14-7=$

08 时间：一天能看多长时间的电视呢？

你喜欢看电视吗？你每天看电视的时间是多长呢？

如果你每天看电视的时间超过 3 小时的话，很可能会患上一种叫作“电视综合征”的病，这种病会让人出现头痛、头晕、心烦意乱等症状，所以一天不要看太长时间的电视哦！

小知识

1 时 = 60 分　　1 分 = 60 秒

超模君从晚上 7 : 15 开始看电视，到晚上 8 : 05 关掉电视，超模君一共看了（　　）分钟电视。

 09 平年与闰年：耍赖是会出大事的

你知道如何分辨某一年是平年还是闰年吗?

公历年份是 4 的倍数的一般都是闰年，但如果公历年份恰好是 100 的倍数，那就必须同时是 400 的倍数才是闰年。

例如：

2020 是 4 的倍数，但不是 100 的倍数，因此即使 2020 不是 400 的倍数，它也是闰年；

1900 是 4 的倍数，恰好也是 100 的倍数，但 1900 不是 400 的倍数，所以 1900 年不是闰年，是平年。

平年与闰年

我们将地球绕太阳旋转 1 圈的时间定为 1 年，也就是 365 天（平年）。

事实上，地球绕太阳旋转 1 圈的时间为 365 天 5 小时 48 分 46 秒，一天为 24 小时，这样，每过 4 年差不多就会多出一天来，我们将这一天加在 2 月里，这样，这一年就有 366 天，也就是闰年。

因此，平年的 2 月有 28 天，闰年的 2 月有 29 天。

2021 年的 2 月没有 29 号，所以这一年是（　）年；

2020 年是（　）年，2022 年是（　）年。

分类与整理：用过的纸巾是什么垃圾？

世界上没有垃圾，只有放错地方的宝藏。1000 千克废纸可以造出 850 千克好纸，1000 千克废钢铁可以炼出 750 千克好钢。

分类与整理

分类的标准不同，结果就不同。

大扫除时，表妹整理了桌面上的物品，有《新华字典》《猜谜语》、铅笔、橡皮擦、尺子、故事书、蜡笔、布娃娃、作业本、红领巾、玩具车和弹珠，现在需要将它们分类放进 3 个抽屉里，可以怎么放？

数的概念

01 整数：猜猜表妹考了多少分

整数有多少个呢？

有无数个。全体整数组成了整数集，数学中常用字母“Z”来表示整数集。

整数

整数是没有零头的数，整数分为正整数、负整数和0。

正整数有1、2、3……

负整数有−3、−2、−1……

0虽然也是整数，但它既不是正整数，又不是负整数。

了解了整数的概念之后，你能判断出下面几句话是对还是错吗？

1. a与b都是整数，$a+b$的结果也是整数。

2. 0是最小的整数。

3. 相邻的两个正整数或两个负整数之间相差1。

02

0：一个孤独的数

表妹，
你怎么哭了？

超模君，我觉得0好孤独啊！
明明它也是整数，但它既不属于正整数，
又不属于负整数。
呜呜~
1
8
7
9
0
-1
-2
-4
正整数
负整数

你知道吗，
0除了不是正整数和负整数外，
它也不是正数、负数、质数或合数。
这样看来0是不是
更孤独了？
质数
负数
合数
正数

哎……傻孩子，你哭早了，
0才不是孤独的数，它是最麻烦的数。
等你考试的时候混淆了
0的归属再哭也不迟。

孤独的0还被踢出了罗马数字的队伍!

我们现在常使用的数，如0、1、2、3……，统称为“阿拉伯数字”，在阿拉伯数字出现之前，有一种数字叫罗马数字，即Ⅰ、Ⅱ、Ⅲ、Ⅳ、Ⅴ、Ⅵ、Ⅶ、Ⅷ、Ⅸ，分别代表1、2、3、4、5、6、7、8、9。

看出来了吗？罗马数字里没有0！

0

0既不是正数又不是负数，它是正数和负数的分界点。

下面是关于“0”的描述，你能准确判断对错吗？

1. 0是正数。

2. 0是-1与1之间唯一的一个整数。

03 自然数：门前大桥下游过一群鸭

小鸭子跟着鸭妈妈游呀游，小鸭子是怎么认出鸭妈妈的呢?

其实，刚破壳不久的小鸭子会追逐它们最初看到的、能活动的生物，并对其产生依恋之情，这种现象被称为“印刻现象”。而雏鸭破壳后的 10~16 个小时是它们印刻现象发生的关键时期。

自然数

自然数是用来计量事物数量或者表示事物次序的数，自然数由 0 开始，一个接一个，组成一个数量无穷的集体。例如：0、1、2、3、4……

0 是最小的自然数，没有最大的自然数。

请判断对错。

1. 自然数一定是整数。

2. 没有最大的自然数，也没有最小的自然数。

3. 大于或等于 0 的整数都是自然数。

 04 正负数：一起来记账吧！

你们有记账的习惯吗？可以尝试将平时的收入和支出记录下来，一段时间后试着分析：自己的钱都花在什么地方了，什么活动花的钱最多呢？

正负数

比 0 小的数叫作负数，正数与负数表示意义相反的量，如收入和支出。正数前面加上负号“-”就变成了负数，正数前面的“+”可以省略不写。

表妹也开始记账啦！

1 月 1 日表妹收到 100 元的零花钱，1 月 8 日买书花了 30 元，1 月 15 日买零食花了 10 元，1 月 21 日买文具花了 5 元，1 月 25 日捐给福利院 20 元，1 月 27 日超模君又给她 10 元。

你能帮表妹把这个月的收入和支出记下来吗？表妹 1 月还剩多少钱？

05 分数：种点什么好呢？

超模君，
你在做什么呀？
我打算在院子里砌一个花圃，
然后种点东西。

种东西？
你要种花吗？
不，我想1/4部分
种葱，1/4部分种姜，
1/4部分种蒜。

1/4是什么意思呀？

你看，花圃是一个整体，我把花圃分成4份，
这样其中1份就占整个花圃的1/4。

我明白了！
那还有1/4你要种什么呀？
我还没想好，
你有什么想种的吗？
有！

一个星期后
表妹你种了什么呀？
为什么还没有
发芽啊？
水煮花生

你的花生种子
从哪拿的……
我种了花生呀，
可是现在还没发芽。
水煮花生

种子一般由种皮、胚和胚乳 3 部分组成，种皮是种子的“铠甲”，用来保护种子，胚是种子最重要的部分，可以发育成植物的根、茎、叶，胚乳是种子集中养料的地方。

种子得到了足够的空气，在合适的温度下，身体里的“酶”就会把身体里的营养物质转变为种子生长所需要的能量。但是煮熟的种子身体里的“酶”被破坏掉了，而且胚也死了，不能吸收养分和水，因此，煮熟的种子就不可能发芽了。

分数

将物体看作一个整体，把这个整体平均分成好几份，表示其中一份或几份的数，叫作分数。

表示其中一份的数叫作分数单位，例如，3/4 的分数单位是 1/4。

表妹一共拿了 10 颗花生，在花圃里种下 2 颗，种下的花生是这堆花生的$\frac{(\quad)}{(\quad)}$，还剩下$\frac{(\quad)}{(\quad)}$的花生，表妹吃掉剩下花生的$\frac{1}{2}$，最后还剩（　　）颗花生。

小数：撒谎是要付出代价的哦！

你发现了吗？冬天温度低，夏天温度高，但你的体温都维持在一个范围内，不会发生太大的变化。这是因为人是一种恒温动物，身体有“体温调节系统”，让体温始终维持在36~37℃（正常情况下）。

与恒温动物相对的是变温动物，又叫作冷血动物，除了鸟类和哺乳动物，地球上大部分动物都是变温动物，他们的体温会随着生活环境温度的变化而变化。

小数

像3.14、0.5、36.8这样的数叫作小数，所有的分数都可以表示成小数，小数中的圆点叫作小数点。

请问，1.0是小数还是整数？

07 百分数：充电器去哪了？

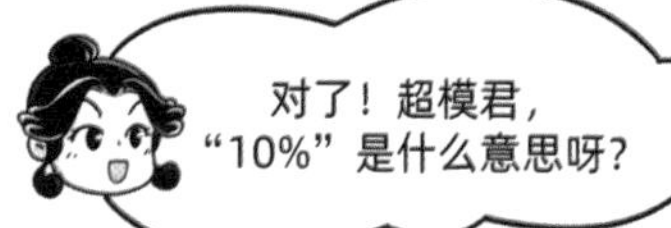

对了！超模君，
“10%”是什么意思呀？

这个是**百分数**，表示**一个数**是**另一个数的百分之几**，
电量剩余10%就是现在的电量占总电量的10/100。

手机电池是为手机提供电力的储能工具，它由电芯和保护板组成。

百分数

百分数又称作百分比或百分率，是一种特殊的分数，表示一个数是另一个数的百分之几，百分数不能表示一个具体的数，只能用来表示两个数之间的关系。

如果超模君的手机电量显示为 1%，说明现在的电量占总电量的 $\frac{(\quad)}{(\quad)}$。

08 倍数和因数：人生的 100 个愿望

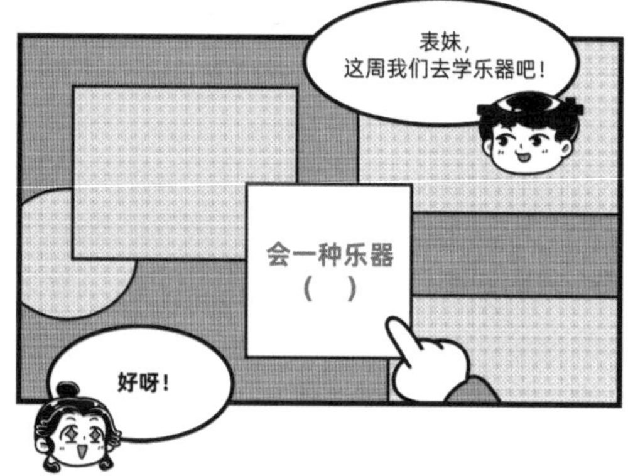

你能说出 6 的所有因数吗？

6 的因数有 1、2、3、6，你发现了吗？除去自身以外，6 的因数加起来刚好等于 6，即 $1+2+3=6$。

人们把像 6 这样的数，叫作完全数或完美数。完全数非常稀少，直至 2018 年，人们找到了 51 个完全数，而且这 51 个完全数全都是偶数。

因数和倍数

一个数的因数是有限的，一个数的倍数是无限的。

假如 a 能够被 b 整除（b 不为 0），那么，我们就称 a 是 b 的因数，b 是 a 的倍数。

例如：$6 \div 2=3$，2 是 6 的因数，6 是 2 的倍数。

第 1 个完全数是 6，你知道第 2 个完全数是多少吗？（提示：6 < 第二个完全数 < 30）

 09 奇数和偶数：谁去洗碗？

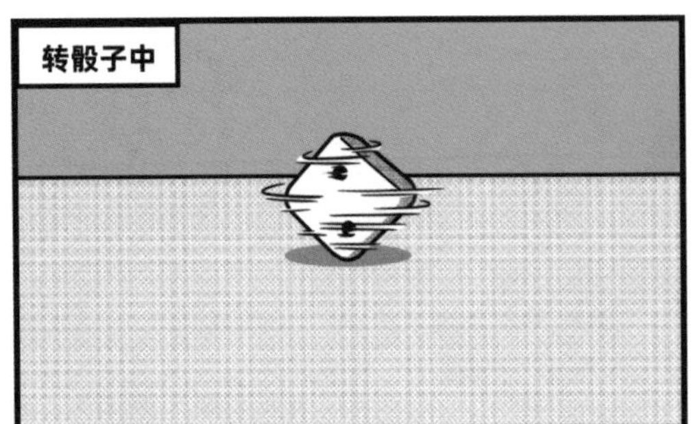

结果一起洗碗了……

在唐朝时期，贵族闺阁间流行一种“玲珑骰子”，先用兽骨制成骰子，中间镂空，再把骰点凿空，中间放入一颗红豆，一掷出去，六面皆红。

奇数和偶数

整数中，能够被 2 整除的数，叫作偶数，不能被 2 整除的数叫作奇数。

0 是偶数。

超模君和表妹约定掷骰子，掷出奇数超模君去洗碗，掷出偶数表妹去洗碗。所以，掷出（　）、（　）、（　）这 3 个数，超模君洗碗；掷出（　）、（　）、（　）这 3 个数，表妹去洗。

10 质数和合数：超模君的小秘密

你知道“哥德巴赫猜想”是由谁提出来的吗？哈哈，当然是由哥德巴赫提出的。

“哥德巴赫猜想”是德国数学家哥德巴赫在1742年提出的，是数学中著名的一个难题，被大家称为“数学皇冠上的明珠”。

质数和合数

如果一个数只有1和它本身两个因数，这个数就叫作质数或素数。例如：2、3。

如果一个数除了1和它本身两个因数外，还有其他因数，这个数就叫作合数。例如：4、6。

此外，1既不是质数又不是合数。

“哥德巴赫猜想”：任何一个大于2的偶数都可以写成两个质数之和。根据哥德巴赫猜想，你能完成下列式子吗？

例：4 = （ 1 ） + （ 3 ）（4是大于2的偶数，1和3是两个质数。）

10 = （　） + （　）

14 = （　） + （　）

26 = （　） + （　）

46 = （　） + （　）

三

数与计算

01 质量：吃肉不吃菜，变成大胖子

另：饭后不宜立即剧烈运动哦！

“千克”“克”“斤”“两”都是常用的质量单位，一瓶500毫升的矿泉水的质量大约为500克。

质量

1千克=1000克

1斤=10两

1千克=2斤

表妹一天吃了200克青菜，50克青椒，70克玉米，换算单位的话：

200克=（　）千克

50克=（　）千克

70克=（　）斤=（　）两

02 长度：量量自己有多高

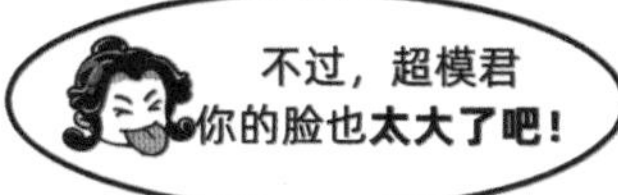

注：超模君脸长30cm

测量比较长的物体时，用长的卷尺，
这种短的尺子一般是学习或工作的时候用。

你用尺子量过你的指甲盖吗？偷偷告诉你，人的大拇指指甲盖的长度大概是 1 cm。

长度

长度的国际单位是米（m），常用的单位还有千米（km），分米（dm），厘米（cm），毫米（mm）等。

量完身高后，表妹还用尺子量了其他物体的长度，你能给它们加上单位吗？

桌子高 6（ ）

一本书长 15（ ）

一支笔长 10（ ）

门高 2（ ）

03 速度：跑得快不快，完全凭心情

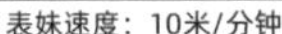
表妹速度：10米/分钟

表妹拉着超模君冲出了地球，速度是 7.9 千米/秒，为什么是这个速度呢?

因为从理论上来说，发射航天器的时候，航天器的速度要达到 7.9 千米/秒，才能冲出地球，绕地球表面运行，而这个速度也被称为“第一宇宙速度”。

速度

单位时间内走过的路程叫作速度。常见的速度单位有米/秒、千米/小时。

超模君和表妹比赛跑步，20 秒内超模君跑了 90 米，表妹跑了 100 米，(　　)跑得更快。

04 货币：发零花钱啦！

今天给你这个月的零花钱，
100块。
超模君，
这个月可以给我多一点吗？

多一点？
嗯嗯嗯嗯！

嗯……好吧，
这个月给你多一点吧。

这么多！

我把你的100块零花钱
换成了日元，
1块钱就可以换
十几日元呢！
1日元硬币

不同国家使用的货币可能不同，像中国的法定货币是人民币，日本的法定货币是日元，美国的法定货币是美元。

而两种货币之间兑换的比率叫作汇率，汇率不是一成不变的。

人民币

人民币的单位有元、角、分。

1 元 = 10 角　　　　1 角 = 10 分

表妹的零花钱最终还是换成了 100 元人民币，这天，她带了 10 元来到商店，买了一辆玩具车后，她还可以买到什么东西呢？

练习本（1 元/本）　　玩具车（8 元/辆）

糖果（5 角/颗）　　雪糕（3 元/根）

卡片（1 角/张）

05 连加：超级大奖是什么？

超模君计算“1+2+3+4+5+…+100”的方法叫作高斯求和。

高斯是世界上最伟大的数学家之一，被称为“数学王子”。

据说在他10岁的时候，他的数学老师给他出了这样一道算术题：1+2+3+4+5+…+100。聪明的高斯在老师刚说出题目的时候就算出了正确答案，用的方法就是将数学题转变为（1+100）+（2+99）+（3+98）+…+（50+51），因此，这个方法也叫作高斯求和。高斯求和的条件是求和的数组成的数列要为等差数列。

高斯求和的公式：

$$和=（首项+末项）\times \frac{项数}{2}$$

数列：若干个数排成一列

等差数列：从第二项起，每一项与它的前一项的差等于同一个常数的数列

首项：第一个数

末项：最后一个数

公差：后项与前项之差

项数：数的个数

连加

两个以上的数相加，叫作连加。

了解了“高斯求和”，你能用“高斯求和”解答下面这几道数学题吗？

1+2+3+4+5+…+50 =

1+3+5+7+9+…+99 =

06 乘法：一张“错”的乘法表

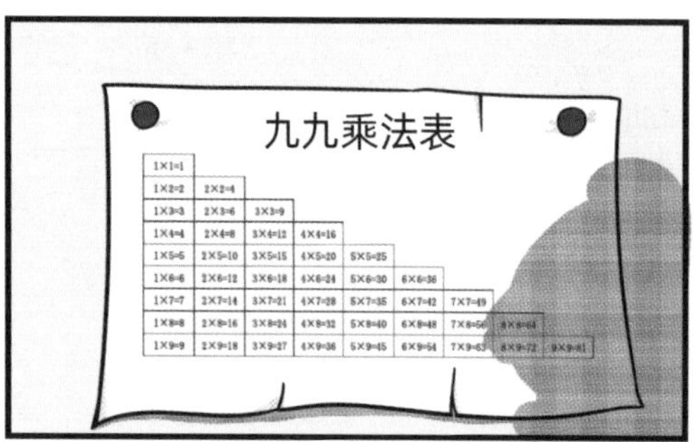

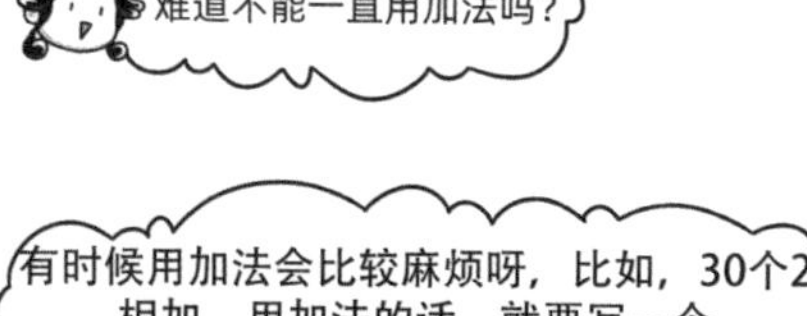

英国数学家威廉•奥特雷德是第一个使用乘号“×”的人，后来，另一位数学家莱布尼茨提出用圆点“•”表示乘，以防乘号“×”和字母“X”混淆。

乘法

乘法是将相同的数加起来的快捷方式。

表妹背完九九乘法表后，超模君给表妹出了几道练习题，一起来看看吧！

例：5+5+5 =（3）×（5）=（15）

3+3+3+3 =（ ）×（ ）=（ ）

4+4+4+4+4+4 =（ ）×（ ）=（ ）

7+7+7+7+7 =（ ）×（ ）=（ ）

9+9+9+9+9+9+9+9+9 =（ ）×（ ）=（ ）

除法：拖延症的后果

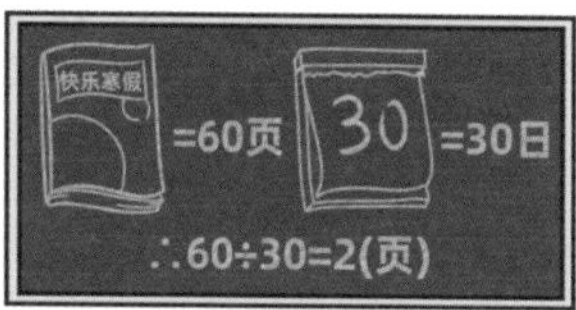

我的寒假作业一共有**60页**，寒假**30天**，**60÷30=2**，我只要每天写**2页**就行。

拖延，意思是延长时间，不迅速做完应该做完的事情，导致任务无法按时完成，或者在最后期限才刚刚启动。

想想自己的生活中有没有拖延的现象，表妹用亲身经历告诉大家，拖延要不得！

除法

除法是四则运算之一。已知两个因数的积与其中一个非零因数，求另一个因数的运算，叫作除法。除数运算中，除数不能为 0。

表妹要在寒假看完一本 360 页的书，寒假一共有 30 天，表妹平均每天要看多少页？

余数：最后一瓶饮料给谁喝？

“尊老”指的是尊敬长辈，“爱幼”即爱呵护晚辈，“尊老爱幼”是中华民族的传统美德。

余数

在整数除法中，当出现不能整除的情况时，就会产生余数，余数的取值范围是 0 到除数之间（不包含除数）的整数。

例如：$26 \div 4 = 6 \cdots 2$，余数取值范围是 0~4，而余数 2 就在 0~4 的范围之中。

隔壁的叔叔送给表妹 9 颗糖果，表妹和超模君两人平分后余下多少颗？你能写出算式吗？

四则运算：谁的袜子那么臭？

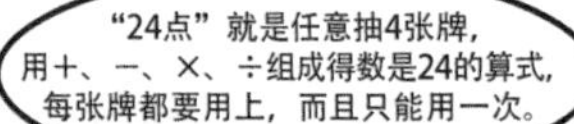

一起来玩 24 点吧！

拿一副扑克牌，抽去大小王（也可以将 J、Q、K 也抽去），剩下 1～10，共 40 张牌，任意抽 4 张，用 +、－、×、÷ 和（ ），把牌面上的数算成 24，4 张牌都必须用上且只能用一次。

四则运算

加、减、乘、除 4 种运算统称为四则运算。在四则运算中，如果有括号，要先算括号里的数。

分别用下面这两组数完成 24 点的游戏。

① 2、7、8、9

② 1、2、7、7

10 估算：该怎么回家呢？

$$=4.8元\approx5元$$

$$\because 5\times3=15(元)\quad 4.8<5$$

$$\therefore 4.8\times3<15$$

你想，一束花4.8元，**接近**5元，如果一束花5元的话，3束要15元，现在一束只要4.8元，所以3束的钱肯定**不超过**15元。

等于号“=”有一个好兄弟叫作约等号“≈”，用来表示两个数值近似相等。

估算

常见的估算方式有以下两种。

1. 四舍五入，0、1、2、3、4 不进位，5、6、7、8、9 进位。

例如：20.4 ≈ 20，29.6 ≈ 30

2. 去尾法：把数字的小数部分去掉，只取整数部分，这样估算的数值会比准确值小。

例如：25.3 ≈ 25，25.7 ≈ 25

一个月后，路边老伯的花涨价了，一束花 6.6 元，表妹想买 6 束，但她只有 43 元，请问够买 6 束花吗？

α
四
a^2+b^2

平面
几何

01 点、线、面：来画一个超模君

在中世纪的欧洲，人们将绘画也称为“猴子的艺术”，因为猴子喜欢模仿人，绘画也是在模仿。在以前，绘画模仿的越真实，表明绘画者的技术越高超。

点、线、面

图形由点、线、面组成，点是构成图形的基本元素。在几何中，点没有大小和形状之分，线分为直线和曲线，面分为平面和曲面。

面与面相交成线，线与线相交成点。

表妹在画纸上画了 3 个点，过 A、B 两点可以画（　）条直线，过 A、B、C 三点可以画（　）条直线。

·C

·B

·A

02 直线、线段、射线：停~电~了~

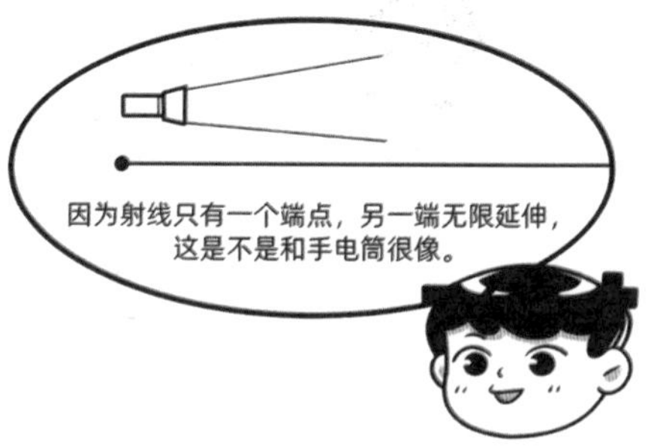

除了射线和直线，还有有两个端点的线段。线段不能无限延伸，而且只有线段可以量出长度。

以前有个名叫康拉德•休伯特的人，他的朋友在一个花盆里装了一节电池和一个小灯泡，打开开关，灯泡照亮了花朵。

休伯特受到启发，将电池和灯泡放在了一个管子里，于是，第一个移动照明手电筒问世了。

直线、线段、射线

线段有两个端点，可以量出长度；

直线没有端点，射线有一个端点，直线和射线都可以无限延伸。

表妹看书时发现一道关于“线”的数学题，她很快就选出了正确答案，你知道她选的是什么吗?

直线、射线和线段三者比较长度，(　)

A. 射线比线段长

B. 直线比射线长

C. 线段比直线长

D. 三者无法比较

03 角：来自外星的朋友们

超模君和表妹的新朋友是两颗五角星，你知道五角星有什么含义吗？

五角星有“胜利”的意义，因此，许多国家的国旗上都有五角星，如中国、美国、越南、朝鲜等，许多国家的军队的军衔上也有五角星的标志。

角

从一点引出两条射线所组成的图形叫作角，角用“∠”符号来表示。

用来度量角的工具叫作量角器，根据角的度数，角可以分为锐角、直角、钝角、平角、周角。

0°<锐角<90°　　直角=90°

90°<钝角<180°　　平角=180°

周角=360°

假如金角大王有一只角的度数为80°，那么这只角是（　）角，假如银角大王有一只角是120°，那么这只角是（　）角。

04 矩形：外星朋友回家记 1

有一种特殊的矩形，叫作“黄金矩形”，这种矩形的特殊之处在于它们的宽与长的比是0.618。

黄金矩形能给人一种协调、均匀的美感，许多知名的建筑为了获得最佳的视觉效果，都会采用黄金矩形的设计，比如希腊的巴特农神庙。

矩形

矩形又叫长方形，长方形有4条边，对边相等，4个内角为直角。

有一种特殊的矩形叫正方形，正方形4条边都相等，4个内角为直角。

如下图所示，假如超模君在纸上画的矩形驾驶室一条边长6厘米，另一条边长4厘米，那另外两条边有多长?

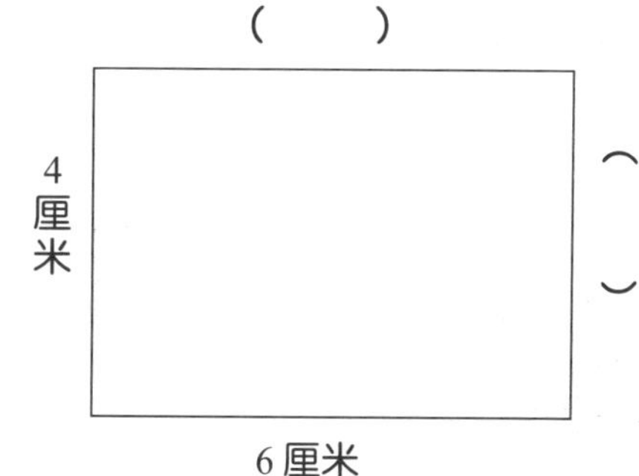

05 三角形：外星朋友回家记 2

三角形不像四边形那样容易变形，有稳定、坚固、耐压的特点，因此，三角形在建筑上有广泛应用，例如，埃菲尔铁塔、埃及金字塔等。

三角形

三角形的内角和为 180°。

如果三角形有一个角为直角，那这个三角形为直角三角形。

如果三角形有一个角为钝角，那这个三角形为钝角三角形。

如果三角形三个角都是锐角，那这个三角形为锐角三角形。

下图是金角大王和银角大王画的几个三角形，你知道它们是哪种三角形吗？

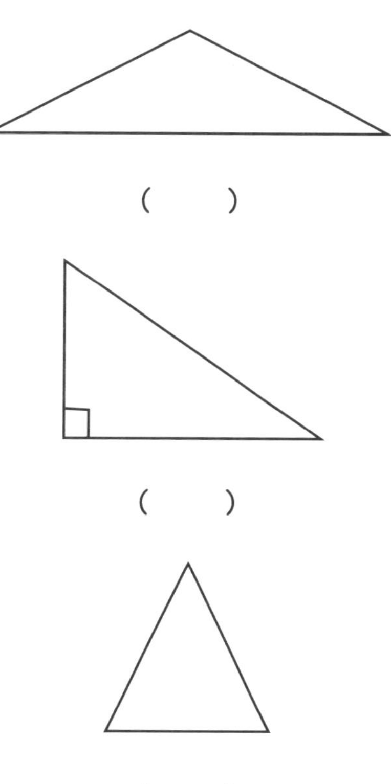

06 平行和垂直：外星朋友回家记 3

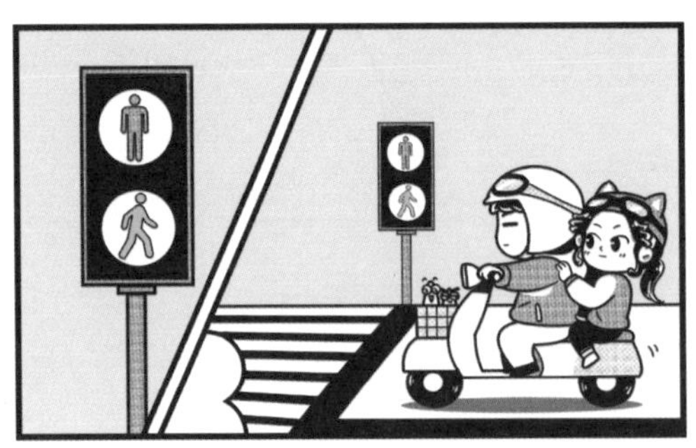

在古罗马时代，由于车、马、人混行，导致交通堵塞，为了解决这个问题，人们在接近路口的地方横砌起一块“凸出地面的石头”，称作“跳石”，行人可从此穿越马路。

后来，汽车逐渐代替了马车，跳石变成了汽车的障碍，斑马线就诞生了。

平行与垂直

在同一个平面内，不相交的两条直线叫作平行线。

若两条直线相交成直角，则这两条直线互相垂直，其中一条直线叫作另一条直线的垂线，这两条直线的交点叫作垂足。

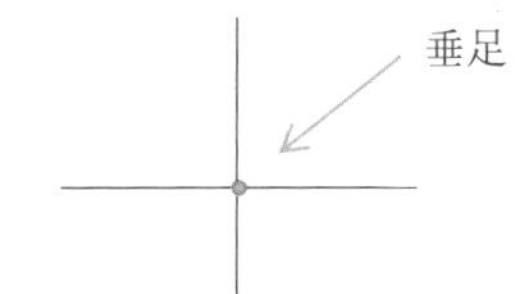

你见过斑马线吗？下面是一条马路，上面的斑马线只剩下一条了，你能补齐另外 3 条斑马线吗？

07 平行四边形和梯形：一个“偷工减料”的梯子

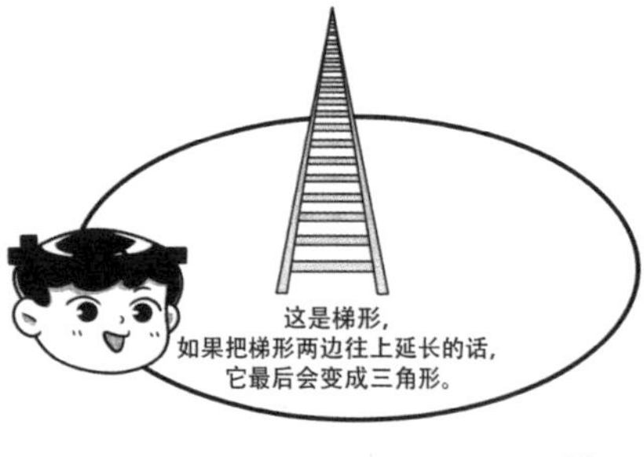

平行四边形不像三角形一样具有稳定性，平行四边形容易发生变形，根据它的这种特性，常常被应用在伸缩门、升降机这类时常需要发生变化的物体上。

平行四边形和梯形

两组对边分别平行的四边形叫作平行四边形。

只有一组对边平行的四边形叫作梯形。两腰相等的梯形叫作等腰梯形，有一个角是直角的梯形叫作直角梯形。

表妹用几根小木棍摆出了下图中的形状，数一数，梯形有（　）个，平行四边形有（　）个，三角形有（　）个。

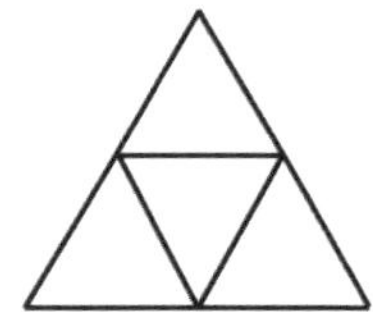

圆：怎么才能画一个标准的圆？

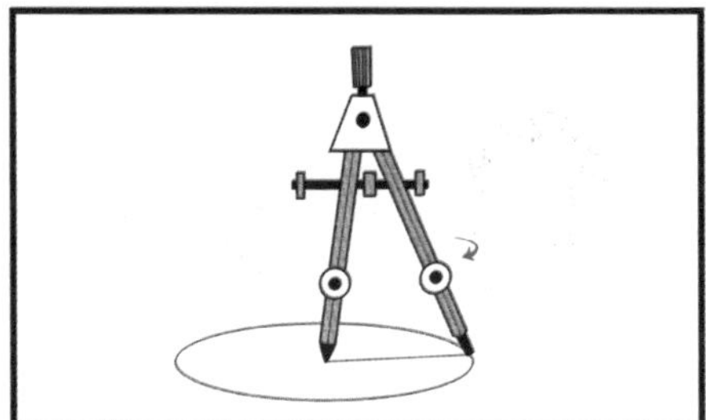

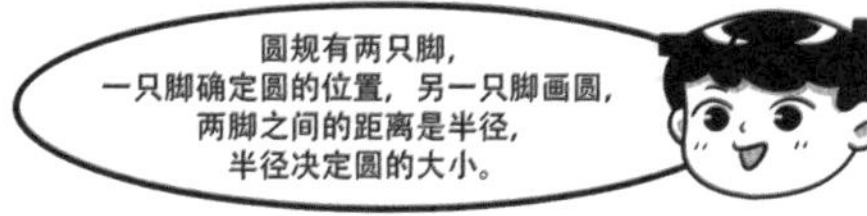

圆规是什么时候出现的呢？

有研究表明，在中国夏朝时期，圆规就已经出现了。《史记·夏本纪》中记载了夏朝的历史，其中有一句“左准绳，右规矩”，“规”指的就是圆规。

圆

一个圆里有无数条半径和直径，在同一圆内，所有的半径都相等，所有的直径都相等，且直径是半径的 2 倍。

你试过一手画圆，一手画方吗？拿起笔在下方空白处试试看吧！

09 周长：月亮喜欢吃什么？

数学家们为了算出圆周率费了好大的功夫，约 1500 年前，中国数学家祖冲之计算出圆周率在 3.1415926 和 3.1415927 之间，成为世界上第一个把圆周率精确到小数点后 7 位的人。

周长

环绕图形一周的长度，叫作图形的周长。

装苹果派的盒子是个长方体，其中一面是个长 35 厘米，宽 30 厘米的长方形，这个长方形的周长是多少呢？

10 面积：坐飞船回家啦！

飞船终于造好了！
太棒了！
我们终于可以回家了！

话说，金角银角，
你们的家在哪里呀？
我们的家在五角星球，
那里有很多个和我们一样的
五角星。

哇！
那你们会不会认不出对方呀？
当然不会啊！
我们虽然都是五角星，但是我们的面积
不一样！

面积？
物体表面或者平面图形的大小，
就是面积。
我们五角星测量面积比较麻烦。
不像隔壁的矩形星球那么简单，
边长×边长，就是它们的面积。

超模君和表妹，
谢谢你们帮我们回家。
下次我们邀请你们一起去
五角星球做客！
再见！

矩形的面积 = 长 × 宽

面积

物体的表面或围成的图形表面的大小，叫作它们的面积。

常用的面积单位有平方厘米（cm^2）、平方分米（dm^2）、平方米（m^2）。

矩形星球上的一个小矩形长 10 厘米，宽 5 厘米，这个矩形的面积是多少？

五

立体
几何

圆锥：如何在夏天堆一个雪人？

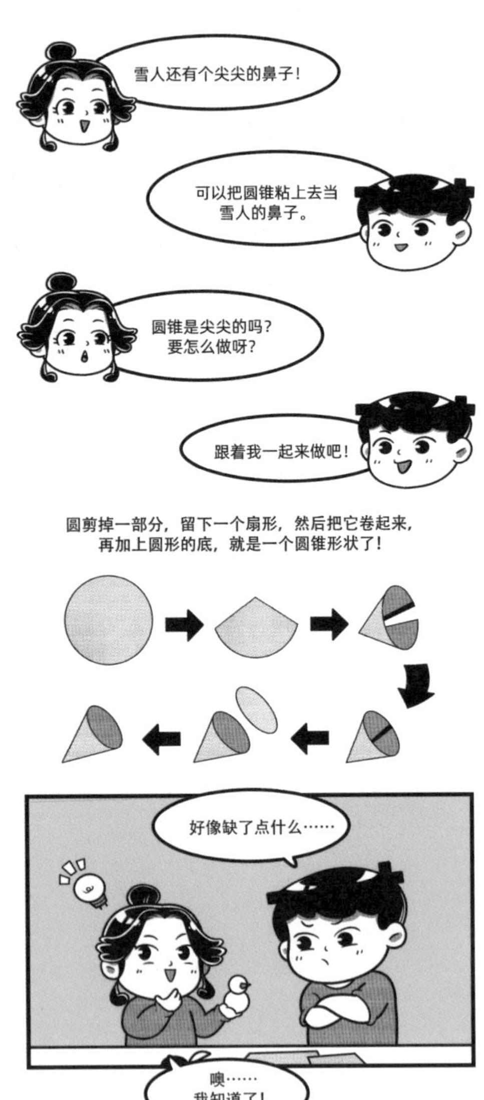

“超模君牌雪人”有一个圆锥形的鼻子，那你知道自然界有什么生物和圆锥形状有关联吗?

自然界中有一种叫作蚁狮的动物，它在幼虫阶段生活在干燥的地表下，靠挖陷阱捕食昆虫为生，它们挖的陷阱形状就是一个倒着的圆锥。每当有昆虫从圆锥形状的陷阱滑落时，藏在坑底的蚁狮就会马上用它的大颚夹住昆虫。

圆锥

圆锥有两个面，底面为圆形，侧面为扇形，圆锥的顶点到底面圆心的距离为圆锥的高。

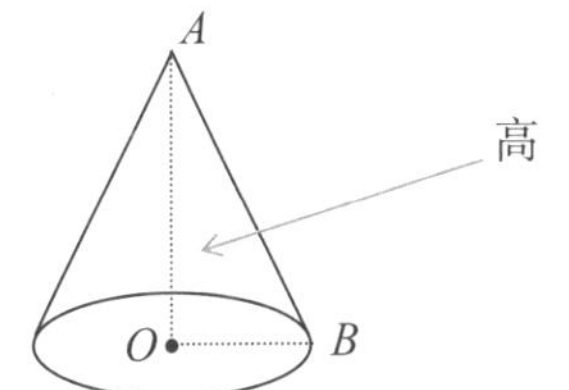

下列选项中，(　　)最有可能是蚁狮挖的陷阱的形状。

A.　　B.　　C.

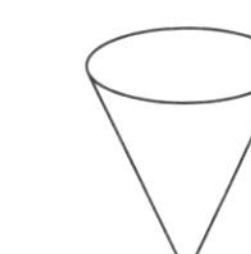
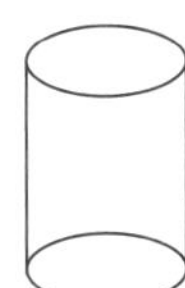

 02 圆柱：雪人也要穿衣服

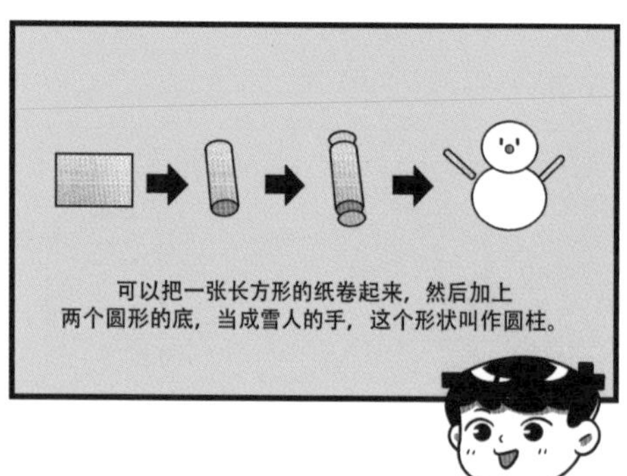

超模君和表妹成功堆出了一个“雪人”！

但你知道吗？在现实生活中，雪不一定都能堆出雪人，这是因为雪分为干雪和湿雪两种。

干雪中几乎没有液体状态的水分，用手捏不成团，黏性小，容易被风吹走。湿雪中含有明显的液态水，黏性更强，更适合堆雪人。

圆柱

圆柱由 3 个面组成，上下两个面为相等的圆形，叫作底面。周围的面叫作侧面，展开为一个长方形。圆柱两个底面之间的距离为圆柱的高。

下面的图形中，哪些和雪人的帽子一样是圆柱形？

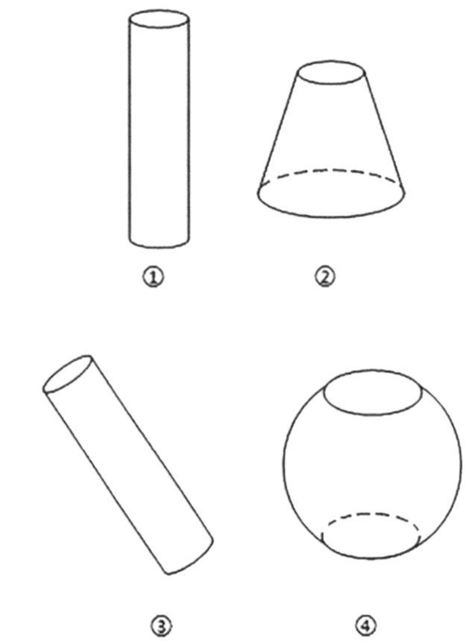

03 长方体与正方体：用积木搭一只可爱的小鲸鱼

用方方正正的积木可以搭出鲸鱼和狗的形状，但是自然界中很少能看到方方正正的动物。不过，如果你有机会见到一种名叫“袋熊”的动物的话，可以看看它们方方正正的便便。

因为袋熊的肠道结构比较特殊，便便在经过肠道时会受到挤压，所以它们拉出来的便便是方形的。

棱

棱是物体上不同方向的两个平面连接的部分。长方体两个面的公共边长称为长方体的棱。

长方体与正方体

长方体和正方体都有 6 个面，12 条棱。不同的是，正方体的 6 个面完全相同，长方体两两相对的面完全相同。正方体是特殊的长方体。

表妹有一块奇特的积木，数一数，这块积木一共有（　）个面，（　）条棱。

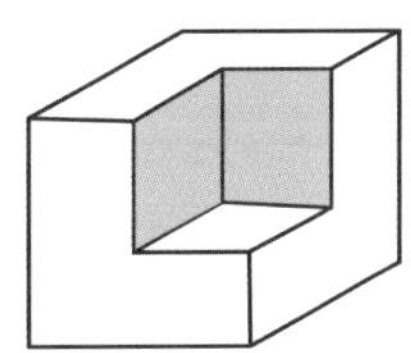

04 立体图形计数：用积木搭一座大山

积木通常是一种立体的，由木头或塑料做成的玩具，用不同的排列方式可以拼成不同的形状。玩积木有助于培养孩子的想象力和创造力，训练孩子的手眼协调能力。

立体图形计数

对立体图形计数时，不要遗漏看不见的部分。

表妹用正方体形状的积木堆出了下面这个形状，她一共用了（　）个正方体积木。

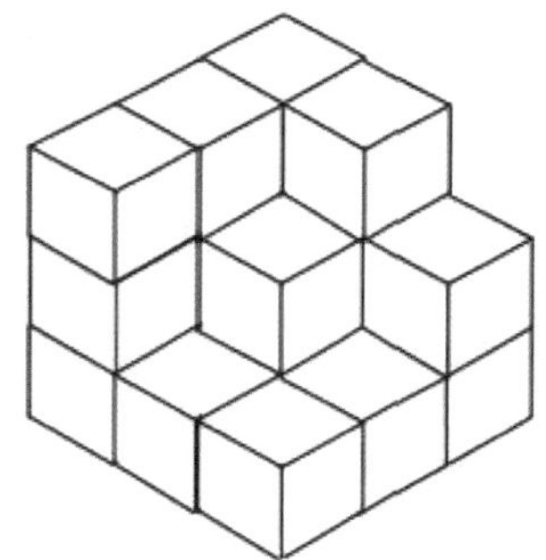

05 展开图：送给胖胖的礼物

你有送过或收到过别人的礼物吗?

礼物是一种表示祝福和心意，或表示友好的物品，礼物不需要太贵重，重要的是将自己的心意传达出去。

有一种说法叫作“千里送鹅毛，礼轻情意重”，意思就是从千里之外赶来给你送礼物，礼物虽然轻，但是我对你的情谊深厚。

展开图

正方体沿着不同的棱剪开，会得到不同的展开图，如下图所示，正方体共有 11 种不同的展开图。

超模君画了一张正方体展开图，如下图所示。假如将这个展开图折成一个正方体，那么，数字（　）会在数字 3 所在平面的相对面上。

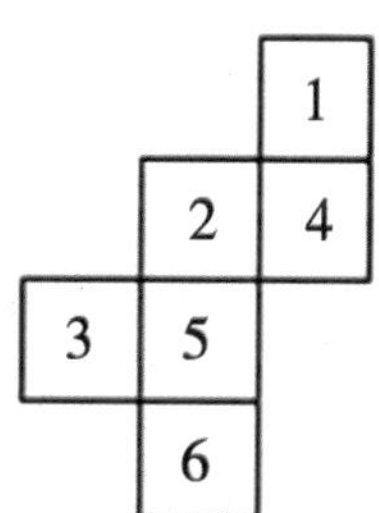

06 矩体表面积：收到礼物是什么感觉呢？

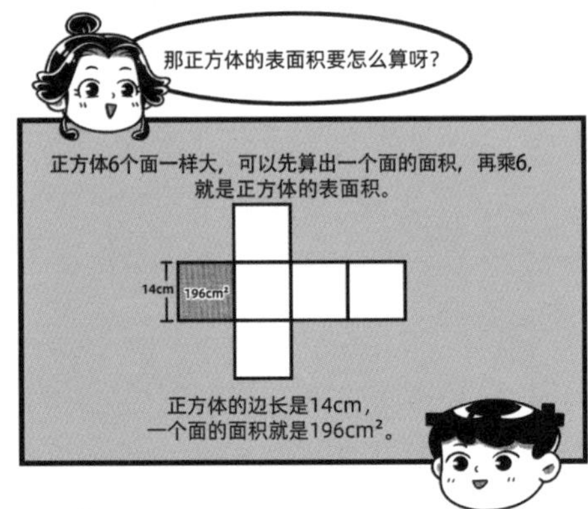

可别小看一张小小的包装纸，包不同的东西，用到的包装纸的材质是不同的。除了表妹用来包装礼物的普通包装纸，还有防锈纸、防油纸、防潮纸等。

所以，包装纸的作用可不仅仅是让礼物外表更好看，它还可以保护被包装的物体。

表面积

正方体或长方体 6 个面的面积总和，叫作正方体的表面积。

正方体表面积 = 边长 × 边长 × 6

长方体表面积 =（长 × 宽 + 长 × 高 + 宽 × 高）× 2

表妹生日时，胖胖也给表妹送了一份礼物，他将礼物放在一个边长是 15 厘米的正方形盒子里，然后用包装纸包上，一张边长是 40 厘米的正方形包装纸够用吗？

矩形体积：妈妈寄来了什么礼物呢？

一维空间物体（如线）和二维空间物体（如正方形）的体积都是 0 哦。

体积

物体所占空间的大小叫作物体的体积，常用的体积单位有立方厘米（cm^3）、立方分米（dm^3）和立方米（m^3）。

超模君和表妹收到的包裹，一个是边长 50 cm 的正方体，另一个是长为 60 cm，宽和高为 40 cm 的长方体，体积大的是表妹的，体积小的是超模君的。

请问，哪一个包裹是超模君的？哪一个包裹是表妹的？

 08 圆柱表面积：一棵会说话的树

现实生活中，如果树被剥掉主干树皮，就会慢慢死亡。

因为树皮中有一层叫作“韧皮部”的结构，可以将叶片制造的营养物质输送到根部和其他地方，如果将树皮剥掉，树就会因为得不到养分而死。

圆柱的表面积

圆柱的表面积 = 圆柱的侧面积 + 两个底面的面积

圆柱的侧面积 = 底面周长 × 高

超模君和表妹准备用叶子给大树重新做一件衣服，如下图所示，缺少衣服的部分是圆柱形，大树腰围 50 cm，缺少衣服的树干长 80 cm，超模君和表妹需要准备多大面积的树叶？

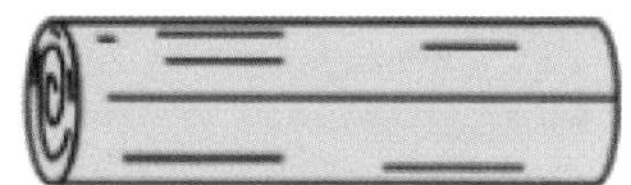

09 圆柱和圆锥体积：哪家店的爆米花更多？

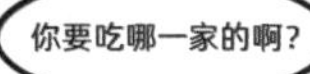

香香甜甜的爆米花味道太好啦！

爆米花是一种古老的小吃，一般由玉米、油和糖做成。早在宋朝的时候，人们就吃上了爆米花。

南宋诗人范成大曾在《吴郡志·风俗》中写道："爆糯谷于釜中，名孛娄，亦曰米花。每人自爆，以卜一年之休咎。"这句话的意思：将糯米放进锅里爆炒，叫作孛娄，也叫作米花。家家户户都爆米花，用来占卜一年的凶吉。

没错，古时候的爆米花还有占卜的功能。

圆柱和圆锥体积

等底等高的圆柱和圆锥，圆柱体积是圆锥体积的 3 倍。

圆柱体积 = 底面积 × 高

圆锥体积 = 底面积 × 高 × $\frac{1}{3}$

旁边又来了一个卖爆米花的小摊，这个小摊装爆米花的盒子是正方体的，如果这三种装爆米花的盒子等底等高，（　　）的盒子装的爆米花最少。

A. 圆柱体

B. 圆锥体

C. 正方体

10 不规则物体体积：洗苹果？才不是呢！

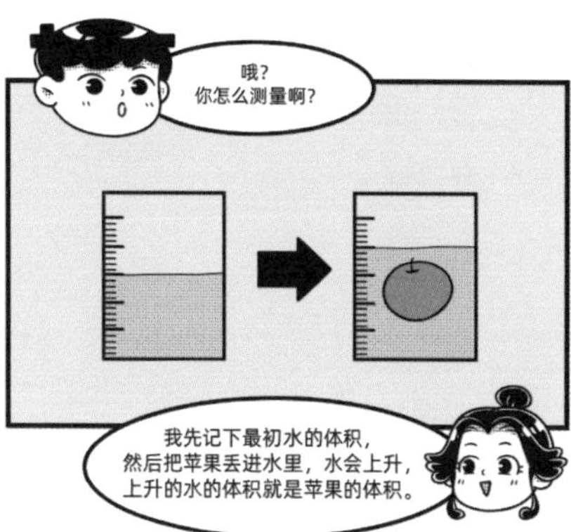

你看过《伊索寓言》吗?

《伊索寓言》中有一个《乌鸦喝水》的故事。

一只乌鸦找水喝，找啊找，终于找到一个水瓶，但瓶子里的水太少，瓶口太窄，乌鸦喝不到水。于是，这只聪明的乌鸦往瓶子里放小石头，让水慢慢升到瓶口，最终喝到了水。

水面变化

计算不规则物体的体积时，可以将测量物体的体积转化为测量液体的体积。

上升的水的体积 = 放入的物体的体积

表妹用来测量苹果体积的圆柱形杯子，底面积为 $150\,\text{cm}^2$，将苹果放入后，水面上升 $10\,\text{cm}$，苹果的体积是多少?

六
A
B
C
D
Improvement
Revenue
Time
I
II
III
IV
V

统计与
图表

01 统计表：为什么大树君会开不同的花？

哇！大树君你好厉害啊！你身上一共有17种不同的花。

统计表

颜色	白色	黄色	红色	紫色	橙色
种类	5	4	3	2	3

嘻嘻，等到结果的季节，我还会结果呦！

为什么大树君会开不同的花呢?

这是因为大树君使用了“嫁接”大法!嫁接是指把一株植物的枝或者芽，接到另一株植物的茎或者根上，慢慢地，连接在一起的两个部分会长成一个完整的植株。

为什么要嫁接呢?其实嫁接是一种人工繁殖植物的方式，可以让两种植物的优势结合在一起。比如，植物A可以耐低温，把植物B嫁接到植物A上，植物B也可以获得耐低温的能力。

统计表

将数据按一定的要求整理、归类、排列起来制成的表格叫作统计表。

大树君不仅开花了，它还结出了果子!超模君、表妹和乌鸦君统计了大树君两个月的结果情况，如表6-1所示。

表6-1 大树君两个月的结果情况

数量:个

月份	种类				
	苹果	桃子	梨	橘子	枇杷
8月	15	28	6	20	9
9月	16	10	13	22	15

1. 两个月里大树结出的果子，最多的是(　　)，最少的是(　　)。

2. 8月结出的果子和9月结出的果子相比，(　　)月结果更多。

02 条形图：大树君的扫地记录

落叶是一种自然现象，一般到了秋天，部分植物叶片就会开始掉落。这也是植物保持体内水分的一种方式，可以帮助植物度过寒冷和干旱的季节。

条形图

统计表能清楚地看出数量的多少，条形图表示数据更直观，便于比较。

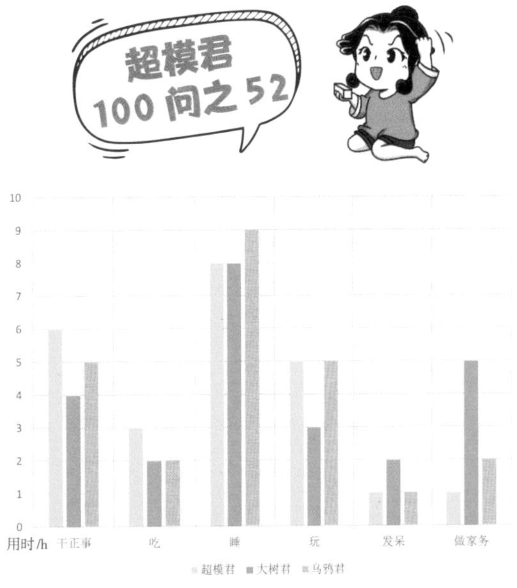

上方是表妹的观察记录，根据观察记录，我们可以知道以下信息。

1. 一天里，超模君（　　）花费的时间最多，（　　）和（　　）花费的时间一样。

2. 大树君和乌鸦君（　　）的时间一样长，（　　）和（　　）发呆的时间一样长。

3. 三人相比，（　　）睡觉的时间最长。

03 平均数：多冷才算冬天呢？

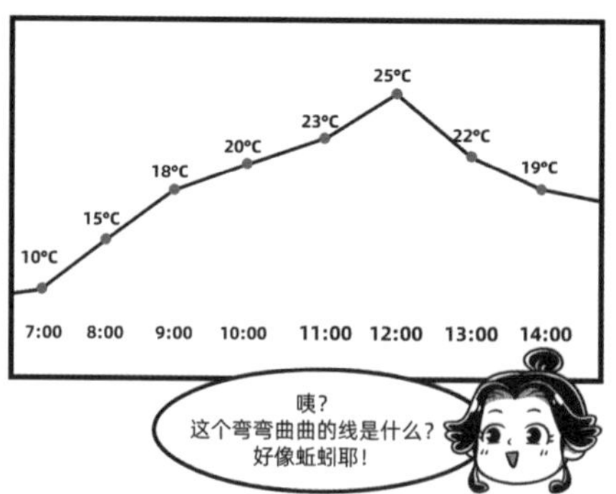

冬天是从哪一天开始的呢?

二十四节气中有一个节气叫作“立冬”,过去以“立冬”作为冬季的开始,现在则采用“候平均气温”(连续5天的日平均气温加权平均值),日平均气温连续5天低于10℃以下为入冬。

日平均气温有3种计算方法。

1. 采用一天中2时、8时、14时、20时这4个时刻的气温相加后平均,作为一天的平均气温。

2. 一天中最高气温和最低气温相加后平均。

3. 全天24个时刻的气温相加后平均。

平均数

数的总和 ÷ 数的个数 = 平均数

表6-2是表妹记录的某日的温度变化情况,按照日平均气温的计算方法,这一天的日平均气温是多少?

表6-2 某日 温度变化情况

时间	2:00	8:00	14:00	20:00
温度	5℃	10℃	16℃	11℃

折线图：大棉袄里穿了什么？

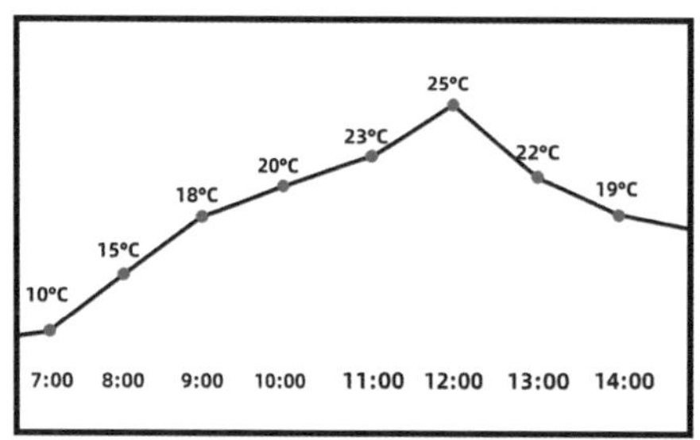

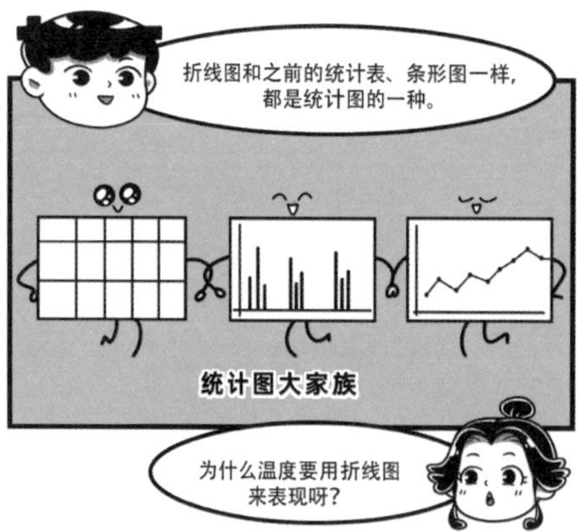

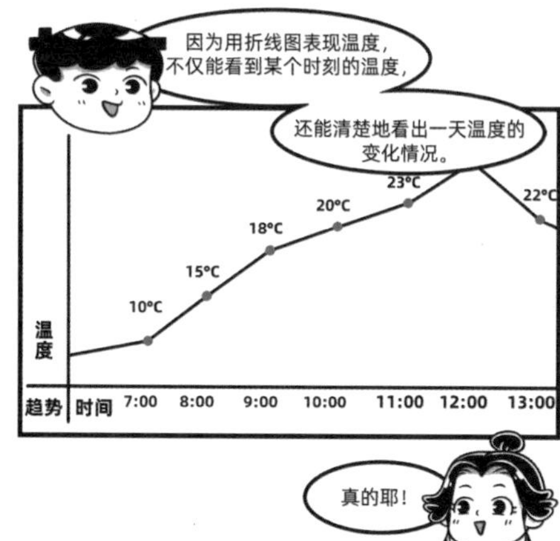

表妹说折线图像蚯蚓，你有见过蚯蚓吗？在花盆、草地里，有时可以见到弯弯曲曲、长条状的蚯蚓。

蚯蚓又名地龙，它的用处可大了，既是珍贵药材，可以用来治疗疾病，又是高蛋白食品和饲料。

不仅如此，蚯蚓还能够挖穴松土、分解有机物，在改良土壤、消灭公害和保护生态环境方面有重要作用，被称为“生态系统工程师”。

折线图

折线图不但可以表现数据的多少，还能够清楚地表现数据随着时间变化增减的情况。

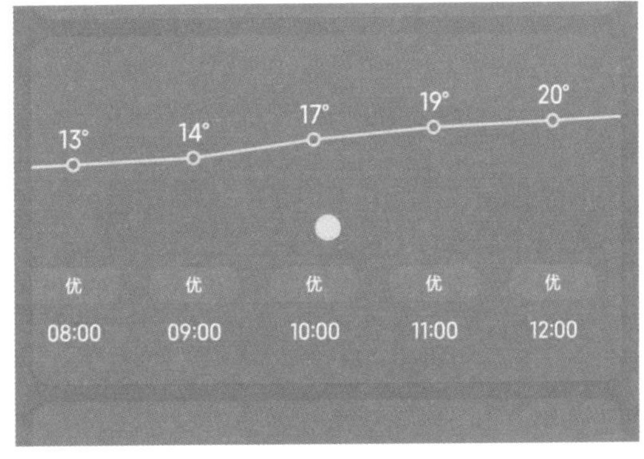

这是某一天的温度折线图，在这一天中，（　）时~（　）时温度上升最快。

05 众数：周末去哪玩？来投票吧！

生活中，众数除了用来投票决定去哪玩，还可以用在服装上。

服装的尺码有S（小）、M（中）、L（大）、XL（加大）等，除此之外，还有均码。均码指大部分人穿上都合适的尺码，是根据人的平均身高、胸围等数据确定的，这就蕴含了平均数、中位数和众数的原理。

中位数又是什么呢？我们后面再揭晓。

众数

众数是一组数据中出现次数最多的数。

有一组数：6、7、5、6、2和未知数X，如果这组数的平均数是5，那么这组数据的众数是（　）。

06 扇形图：什么颜色的鱼最多？

鱼为什么会有颜色呢?

鱼的颜色是为了保护自己，躲避敌人，所以将身体表面的颜色改变为与周围环境相似的颜色，这种颜色也叫作保护色。

例如，有些鱼的鳞片是银色的，从水面往下看，或从水里看，都像一面发亮的镜子，银色的鱼鳞刚好与这发亮的背景融成一片，可以保护鱼类躲避空中的飞鸟或其他鱼类的攻击。

扇形图

扇形图可以直观、清楚地表示部分与总体的关系。

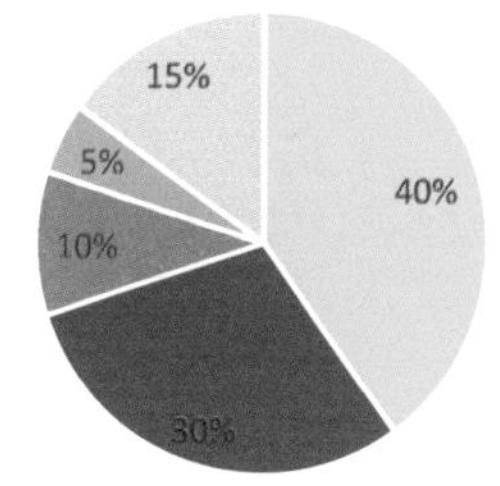

如果绿色的鱼有 80 只，那么黄色的鱼有（　）只，红色的鱼有（　）只，蓝色的鱼有（　）只，银色的鱼有（　）只，（　）色的鱼数量最少。

07 中位数：大树比赛，比什么？

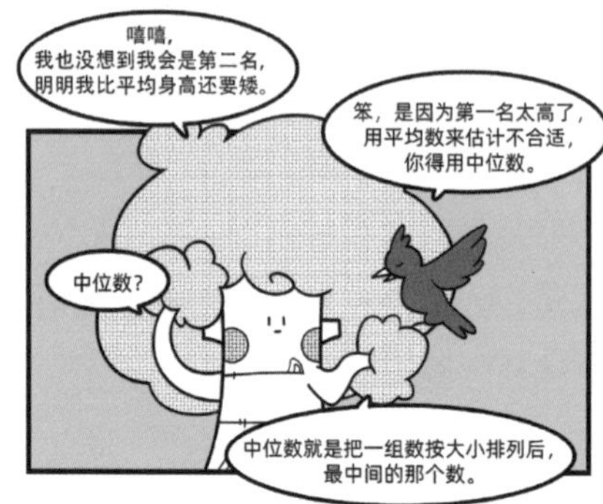

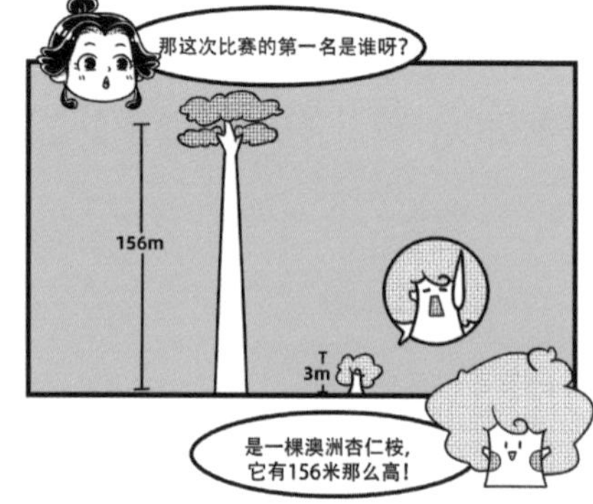

大树比赛的冠军——澳洲杏仁桉有多高呢?

这种树的高度一般在100米以上，最高的一棵高156米，相当于50层楼的高度，是世界上最高的树。

不过虽然它长得高大，但它的种子很小，20粒种子才有1粒米那么大。

中位数

中位数是按大小顺序排列的一组数据中居于中间位置的数。即在这组数据中，有一半的数比它大，另一半的数比它小。

第二届大树比赛来了！这次一共有13棵大树参加比赛，这13棵大树的高度分别是10米、5.5米、3米、105米、57米、1.3米、21米、4.9米、5.6米、87米、91米、0.66米、2.9米。

这次比赛中最高的大树高（　）米，最矮的大树高（　）米，中位数是（　）。

08 可能性：明天还会有兔兔出现吗？

傻傻地撞树的兔兔真的存在吗?

从前有个农民，看见一只兔子撞在树上死了，白捡了一只兔子。后来这个农民放下锄头不再耕种，天天在树旁等兔子撞上来，但之后再没看见过撞树的兔子。

这个故事后来衍生为成语“守株待兔”，比喻不经过努力，抱着侥幸心理想获得意外的成功。

可能性

无论在什么情况下都会发生的事件，是“一定”会发生的事件。

在任何情况下都不会发生的事件，是“不可能”发生的事件。

在某种情况下会发生，而在其他情况下不会发生的事件，是“可能”会发生的事件。

根据“一定”“不可能”“可能”的含义，请判断以下说法。

1. 撞在大树君身上的兔子一定是公兔子。(　)

2. 玻璃杯从桌子上掉落，可能会碎，也可能不会碎。(　)

3. 掷一枚 6 面分别标有 1~6 数字的骰子，不可能出现数字 7。(　)

可能性大小：玩飞行棋为什么掷不出 6 ？

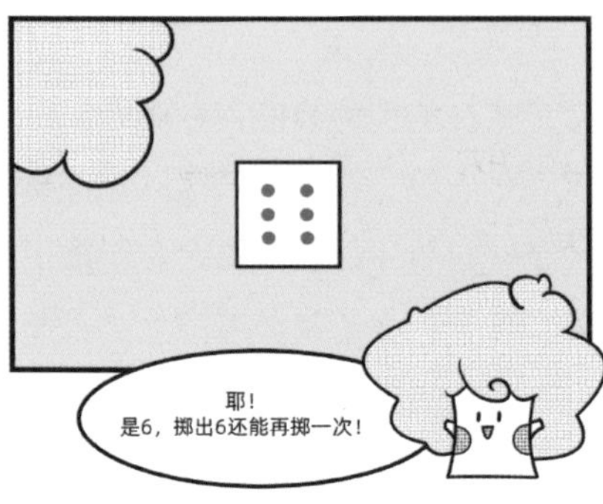

你有和朋友们玩过飞行棋吗?

飞行棋是一种竞技游戏，由 4 种颜色的棋子组成，上面画有飞机的图案。转动骰子，骰子停下后正面是几，持棋者就可以走几步，不过最开始骰子必须掷出 6 才能起飞。

可能性大小

在可能发生的事件中，如果出现这个事件的情况比较多，则该事件发生的可能性比较大；如果出现该事件的情况比较少，则该事件发生的可能性比较小。

超模君、表妹、大树君和乌鸦君一起玩飞行棋，假如骰子 6 个面分别标有 1~6，那么，表妹掷骰子掷出 6 的可能性是$\frac{(\quad)}{(\quad)}$，没有掷出 6 的可能性是$\frac{(\quad)}{(\quad)}$。假如骰子上有 2 个面都标有 6，那么，掷一次骰子，(　　) 出现的可能性最大。

公平性：玩捉迷藏谁蒙眼最公平？

玩捉迷藏还能玩出世界纪录?

当然可以! 2014 年，捉迷藏吉尼斯世界纪录在四川彭州诞生，共有 1800 多人在 900 平方米的比赛园区里参加“吉尼斯世界纪录——世界最大规模捉迷藏官方挑战赛”，认证官最后认定，有效参与人数为 1437 人。

公平性

公平性是指参与游戏活动的每一个对象获胜的可能性是相等的。

超模君的转盘要如何设置才公平? 你能画出来吗?

七

金钱问题

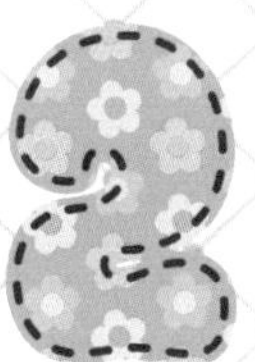

01 折扣：超市打折，买什么好呢？

酱油一般由豆类制成，可以用来改善菜肴的味道。酱油分为生抽和老抽两种，生抽一般用来提鲜，老抽一般用来提色。

酱油是由酱演变而来的，早在 3000 多年前，周朝就有了制作酱的记录。到了秦汉时期，出现了类似于酱油的调味料。到了宋朝，“酱油”这个词出现了。

折扣

商店降价出售商品，叫作打折销售，俗称“打折”。几折就表示十分之几或百分之几，如 3 折出售，就是按原价的 $\frac{3}{10}$ 或 30%出售。

超市打 5 折，一瓶标价 16.8 元的酱油打折后多少钱？

成数：又到了看油菜花的季节！

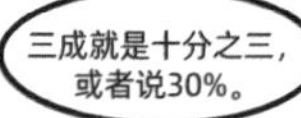

油菜花不仅颜值高，用处也大哦！

油菜花的种子含油量达 35%~50%，可以用于榨油或当饲料。除此之外，油菜花的嫩茎及叶还可以当作蔬菜食用。

成数

成数，表示一个数是另一个数的十分之几，例如：三成就是十分之三。农业收成上常用成数来表示。

油菜花景点的门票淡季标价 66 元，旺季的标价是在淡季标价上加二成，旺季的标价是多少元？

03 利润：表妹摆地摊的第一天

好有趣呀！我今天卖出去1个娃娃、1包贴纸和1支笔，一共赚了25元。

不对哦，你还没有减去成本，利润＝售价－成本。

商品	售价	成本	利润
娃娃	20元	13元	7元
贴纸	2元	1元	1元
笔	3元	1.5元	1.5元

当利润达到 10%时，便有人蠢蠢欲动；

当利润达到 50%时，有人敢于铤而走险；

当利润达到 100%时，有人敢于践踏人间一切法律；

而当利润达到 300%时，有人甚至甘冒绞首的危险。

——托·约·邓宁

利润

利润 = 售价 − 成本

表妹摆地摊时，将一辆玩具车以标价的 6 折卖给了胖胖，但表妹仍获利 20%，若这辆玩具车的进价是 25，那么玩具车的标价是多少元?

04 税率：摆地摊需要缴税吗？

税收历史久远，根据《史记》《尚书》的记载，从夏朝起，税收就已存在。

税率

纳税是指按一定的比率把集体或个人收入的一部分缴纳给国家。国家收入的主要来源之一就是税收。

一家超市 1 月的营业额是 300 万元，如果按营业额的 17%缴税，这家超市需要缴税（　）万元。

05 利息：钱生钱

超模君，
你在做什么呀？
我在分析把钱存在哪个银行里
比较划算。

不都一样吗？
当然不一样啦，
每个银行给的利息不同。

利息？
我们存进银行的钱叫作本金，
取款的时候银行会多付给你一些钱，
这些钱叫作利息。

哇！那你把钱都存进银行里，
不就可以不工作了，反正都有利息！

表妹，
你高估我的存款了……

并不是所有的银行存钱都会给利息，在一些国家，在银行存钱不但没有利息，反而要向银行交保管费。

利息

银行的存款方式有很多种，活期、定期等，存入银行的钱叫作本金，取款时银行多支付的钱叫作利息。

超模君将 30000 元存入银行，存期为 3 年，3 年后超模君一共从银行取出 32700 元，超模君存款时的本金为（　　）元，利息为（　　）元。

06 利率：靠利息生活

存期	活期	定期					
		三个月	六个月	一年	二年	三年	五年
年利率（%）	0.30	1.35	1.55	1.75	2.25	2.75	2.75

银行存款种类有很多，按期限分有定期存款和活期存款。

定期存款的意思是存款的人在存款后的一个规定日期才能取出存款，或者必须在准备取出存款前几天通知银行。一般来说存期越长，利率越高。

活期存款的意思是存款的人可以随时取出存款。

利率

单位时间（如 1 年、1 月、1 日等）利息和本金的比叫作利率。

利息 = 本金 × 利率 × 存期

超模君把 30000 元存入 A 银行，存期为 2 年，银行两年期存款的年利率为 2.59%，2 年后超模君一共可以从银行取出多少钱？

07 发芽率：什么种子质量好？

如何检测种子质量好不好呢？除了看发芽率，还要看发芽势。

发芽势是指种子的发芽速度和整齐度。种子发芽率高、发芽势高，预示种子出苗快而且整齐，苗壮。

发芽率

$$发芽率 = \frac{发芽的种子数}{总种子数} \times 100\%$$

超模君种下 50 粒葱的种子，有 47 粒种子发芽了，这批种子的发芽率为（ ）。

08 比例：来看看大厨的手艺！

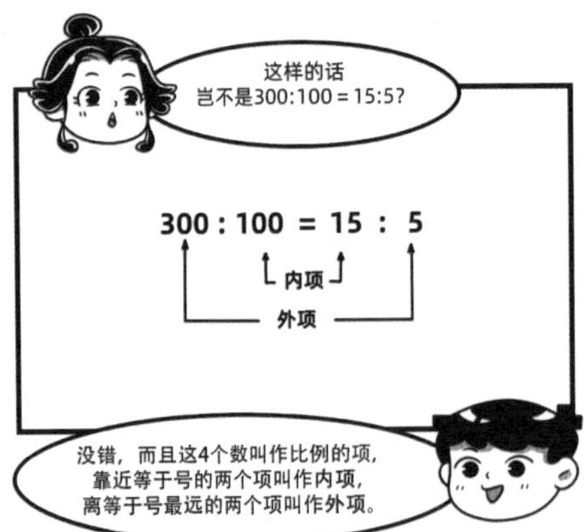

你知道吗？中国的菜是分派系的。

因为物产和风俗习惯，不同地域的烹饪技艺和风味不同，于是，不同的菜系产生了。中国传统饮食文化中的“八大菜系”分别是鲁菜、川菜、粤菜、闽菜、苏菜、浙菜、湘菜和徽菜。除了八大菜系外，还有一些菜系也有很大的影响力，例如，东北菜、客家菜等。

比例

两个数相除又叫作两个数的比，例如，$300:100=3$

表示两个比相等的式子叫作比例，例如，$300:100=15:5$

在比例里，两个内向的积等于两个外项的积。

超模君和表妹做饭时，表妹发现超模君放的糖和盐的比例是$2:1$，假如超模君放了5g盐，那么他放了（　）g糖。

正比例：大树君的小本本上写什么？

时间	第1年	第2年	第3年	第4年	第5年	第……年
年轮/圈	1	2	3	4	5	……

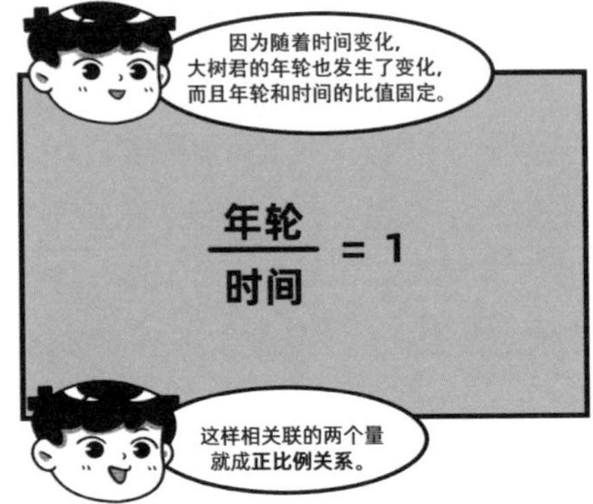

大树君的年轮有什么意义呢?

其实，一圈年轮代表树木经历了所生长环境的一个周期的变化，而这变化通常是一年一次，因此，根据树木的年轮，可以推断一棵树的年龄。

不过也有些树木一年产生的年轮不止一圈，而生长在四季气候变化不大的地区的树木，它们的年轮不明显。

正比例

两种相关联的量，一种量变化，另一种量也随之变化，且这两种量中相对应的两个数的比值一定，那这两种量就成正比例关系。

现在你对正比例有了一定的了解，请判断下面的说法。

1. 圆的周长和直径不成正比例。(　)

2. 超模君的身高和年龄成正比例。(　)

3. 表妹购买相同的笔，购买的总价和数量成比例。(　)

10 反比例：超模君看书的时候喜欢做什么？

嗯……

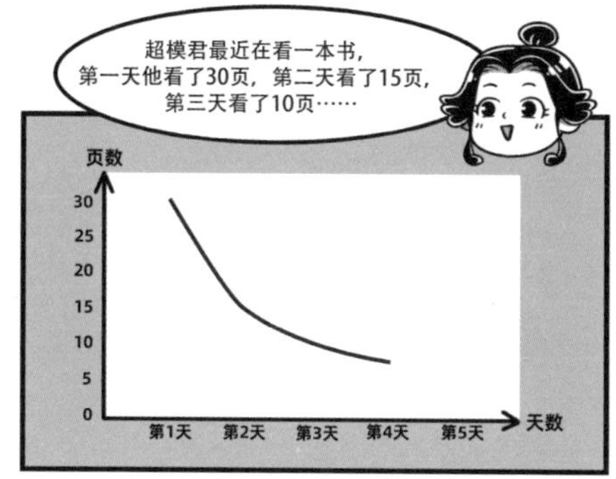

一本书是由很多字组成的，那你有数过，一本书里有多少个不同的字吗？

研究表明，汉字的数量并没有一个准确数字，约有 10 万个，但是常用汉字只有几千字。《现代汉语常用字表》里有 3500 个汉字，而这 3500 个汉字就能覆盖现代主流文本里的绝大部分汉字了。

反比例

两种相关联的量，一种量变化，另一种量也随之变化，且这两种量中相对应的两个数的乘积一定，这两种量就成反比例关系。

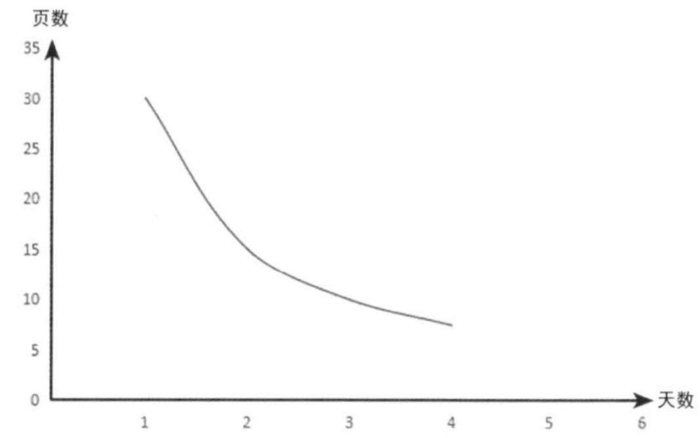

假如超模君每天看书的页数和天数成反比例关系，那么第 10 天时，超模君看了（　）页书。

八

行程
问题

01 方向：你的新年计划是什么？

大树君向往的五岳各有各的特色，分别是泰山雄、华山险、衡山秀、恒山奇、嵩山奥。

方向

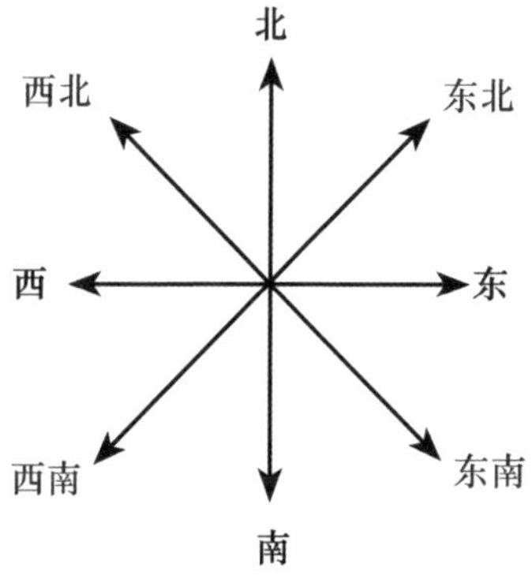

表妹班级里的黑板在西面，老师讲课时背对着黑板，老师面对着（　　）面。

胖胖的位置在表妹的南面，则表妹的位置在胖胖的（　　）面。

02 比例尺：来自老朋友的一封信

人类是从什么时候开始画地图的呢？

目前人们能找到的最古老的地图是刻在陶片上的古巴比伦地图，据考这是4500年前古巴比伦城及其周围环境的地图。

比例尺

绘制地图或其他平面图时，将实际距离按一定的比例缩小或扩大画在图纸上，这个比例叫作这张图的比例尺。

在一张比例尺是1∶10000的地图上，表妹测量出从A地到B地的距离是5.3厘米，那么A地到B地的实际距离是（　）米。

03 放大与缩小：找星星

是有些远，
只能等你放长假的时候再去了。
好吧……
不过现在我们倒是可以看到它们。
现在？

金角大王和银角大王在信上还写了五角星球的位置，我们可以用望远镜来看。
望远镜？
望远镜可以把远处很小的物体放大，这样我们就能看见五角星球了！

这个就是望远镜啦！
我要看我要看！

咦？这个好像不是五角星球？这是月亮吧？
再看看旁边那颗星球。

这颗也不是五角星球。

这颗也不是！
这颗也不是！
不是！
不是……
五角星球到底在哪里呀！

望远镜又叫作千里镜。1608 年，一个叫汉斯·李波尔的荷兰眼镜师偶然发现，两块镜片前后放在一起，可以看清远处的物体。后来，经过多次实验，他造出了世界上第一架望远镜。

放大与缩小

将图形按一定的比例放大或缩小，所得的图形大小变了，但形状不变。

多选题：下列描述中，属于把物体放大的是（　），属于把物体缩小的是（　）。

①一张 1 米长的世界地图

②用放大镜观察蚂蚁

③表妹的班级合照

④用望远镜看星星

04 相遇问题：烤红薯小分队出发！

我们现在能吃到香香甜甜的烤红薯，要感谢一个叫作陈益的人，他是我国引进红薯的第一人。

红薯学名叫番薯。番薯最早种植在美洲中部的墨西哥、哥伦比亚一带，后来西班牙人携带番薯到菲律宾等国家栽种。

明代时期，一个名叫陈益的人将薯种从安南（今越南）偷偷带回国，并将这种食物传播开来。

相遇问题

两个运动的物体同时从两地出发，朝对方的方向移动，在途中相遇，称为相遇问题。

出发地点：两地

运动方向：相反

运动结果：相遇

关系：速度和 × 相遇时间 = 路程

第二天，轮到超模君出门买烤红薯了。

已知卖烤红薯的王伯距离超模君 900 米，王伯的速度是 60 米/分钟，超模君出发 3 分钟后遇到王伯，请问超模君去买红薯时每分钟走多少米？

05 追及问题：新龟兔赛跑

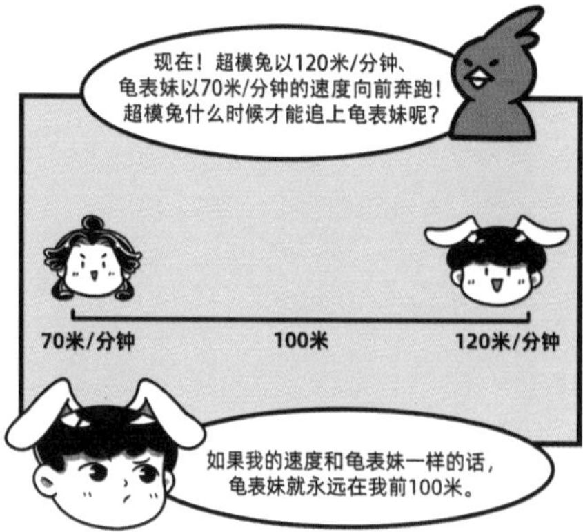

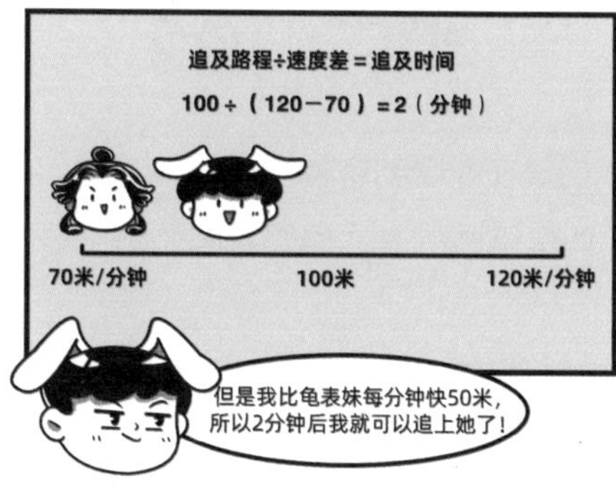

既然超模兔和龟表妹的故事是“新龟兔赛跑”，那么，最开始的“龟兔赛跑”是什么样的呢?

寓言故事《龟兔赛跑》中讲述了一只骄傲的兔子和一只坚持不懈的小乌龟的故事。

跑得快的兔子和爬得慢的乌龟赛跑，一开始，兔子甩开乌龟一大截，但跑着跑着兔子觉得累了，于是它决定休息一会儿，睡一觉。

乌龟爬啊爬，当它追上兔子的时候已经精疲力尽了，但是它不像兔子一样休息，而是继续往前爬。等兔子醒来后，乌龟已经爬到终点了。

最后，乌龟赢得了比赛。

追及问题

两个物体以不同的速度往同一个方向移动，速度慢的位置在前，速度快的位置在后，速度快的物体追赶速度慢的物体，称为追及问题。

出发地点：速度快的在后，速度慢的在前

运动方向：相同

运动结果：相遇，速度快的追上速度慢的

追及路程 ÷ 速度差 = 追及时间

超模兔和龟表妹再一次举行赛跑比赛，龟表妹在超模兔前方，龟表妹的速度为 90 米/分钟，超模兔的速度为 150 米/分钟，如果 3 分钟后超模兔追上了龟表妹，那么最开始时，龟表妹在超模兔前多少米的地方?

06 相背而行：一个迷糊的路人甲

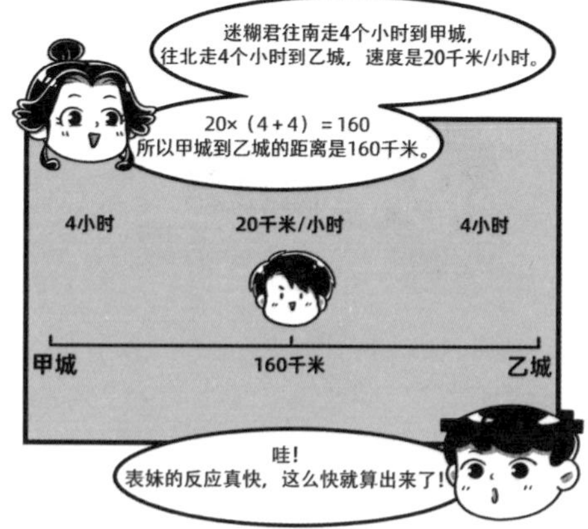

你听过《南辕北辙》的故事吗?

古时候，魏王想要攻打赵国，一个叫季梁的人劝他说:“我回来的时候在路上遇见一个人，他正赶着车往北面去，说要去楚国。

我问他去楚国为什么要往北面走，他说他的马跑得快。

我说虽然你的马跑得快，但是这不是去往楚国的路啊!

他又说他的路费多，我说即使路费多，这也不是去往楚国的方向。

他又说我的车夫本领高，最后我说这几样越好，你离楚国就越远。

如今大王你想建立霸业，但是你现在的行动越多，你离统一天下的目标就越远，就像想要去楚国却往北走的行为一样!”

现在人们用南辕北辙比喻行动方向和目的地完全相反的行为。

相背而行

两个物体背对背向反方向移动，称为相背而行。

出发地点:同地

运动方向:相反

运动结果:不相遇

同时同地相背而行:路程 = 速度和 × 时间

一天，超模君去图书馆，表妹去学校，他们同一时间从家里出发，相背而行，超模君每分钟走 55 米，表妹每分钟走 45 米，20 分钟后，超模君和表妹同时到达目的地，图书馆离学校有多远?

火车过隧道：呜呜呜，火车来啦！

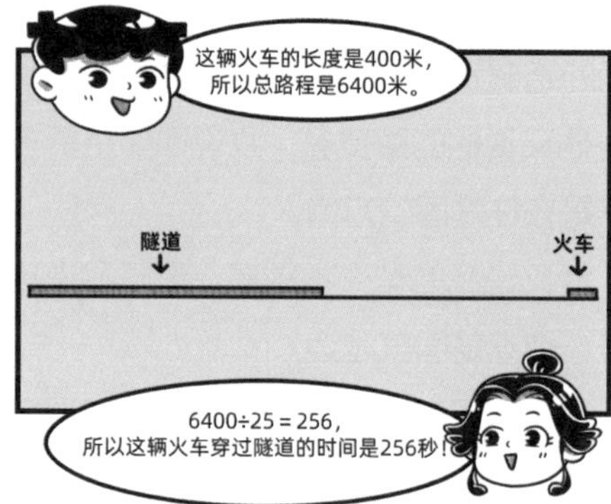

第一座完全由中国人自行设计和修建的铁路隧道是1908年建成的八达岭隧道，由中国铁路工程师詹天佑设计和修建，全长1091.2米。

火车过隧道

火车过隧道的数量关系：

路程 = 隧道长 + 车长

通过时间 =（隧道长 + 车长）÷ 车速

穿过超模山隧道之后，火车又带着超模君和表妹穿过了一座超模大桥，已知火车的速度不变，火车完整穿过大桥用了56秒，那么超模大桥的长度是多少？

08 流水问题：让我们荡起双桨

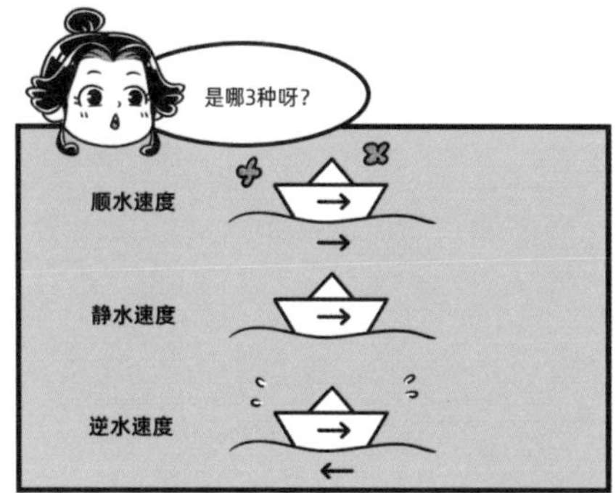

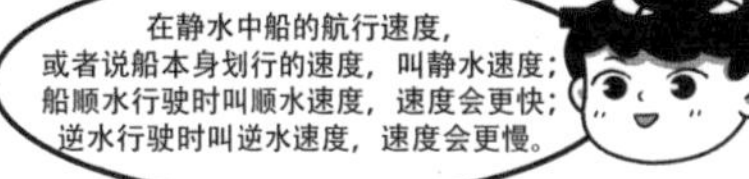

车辆、飞机及江河船舶的速度计量单位多用千米/小时，而海船、军舰的速度单位用“节”表示，1节=1海里/小时表示每小时行驶1852米。

为什么要用“节”作为单位呢？这是因为在16世纪，海上航行已十分发达，但当时还没有时钟和航程记录仪，船的航行速度难以判断。

一个聪明的水手想出一个办法，他在航行时向海面抛出系着绳索的浮体，绳索上还打着等距的节，水手根据浮体在一定时间内拉出的绳索长度来计算船速，慢慢地，“节”成为海船速度的计量单位。

流水问题

流水问题是指船在水面航行时，除了本身前进的速度外，顺水或逆水行驶时速度会发生变化，在这种情况下，根据已知条件计算船只航行的路程、时间和速度。

超模君和表妹在划船，船只的静水速度为3千米/小时，驶出一段时间后，船速发生变化，变为4千米/小时，此时船是在（　　）行驶。

A. 顺水　　　　B. 逆水

09 顺水速度：让我们第二次荡起双桨

最原始的船是什么样子的呢？其实就是乌鸦君的船——大树！

几千年前，人们就发现抱着粗的树枝或树干，可以让人在河面上漂流。后来，人们将树枝捆成一排做成了木筏，或将粗树干挖空，做成了独木舟，渐渐地，船的雏形出来了。

顺水速度

顺水速度 = 船速 + 水速

超模君和表妹划船，从岸边出发，顺水而行，船速是 3 千米/小时，水速是 1 千米/小时，30 分钟后发现前方是瀑布，此时他们离岸边（　）米。

10 逆水速度：水里有鱼！

呼……呼……
好累啊……
还要划多久才能靠岸呀？

不知道耶……
不过肯定比我们来的时候
花的时间多！
因为我们现在
在逆水行驶。

顺水速度=船速+水速，
那是不是“逆水速度=船速-水速”呀？
没错！

咦？这是什么呀？
戳
戳
戳

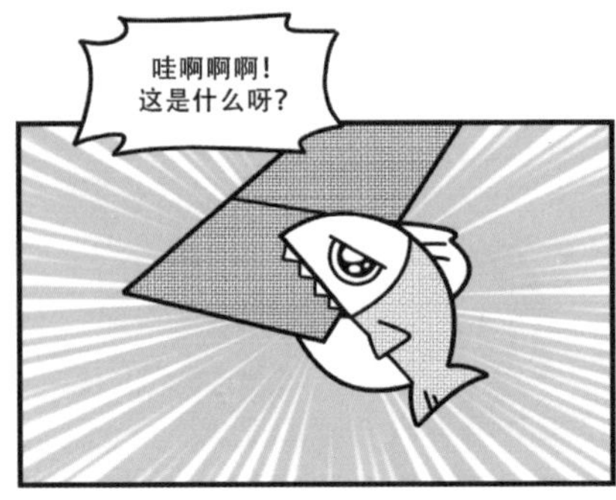
哇啊啊啊！
这是什么呀？

救命啊啊啊啊！！
松嘴松嘴！！！

食人鱼真的存在吗?

当然！有一种鱼叫“食人鲳”，也就是大家常说的食人鱼，根据食性，食人鱼分为杂食性和肉食性两种，它们的头骨坚硬、牙齿锐利，以凶猛闻名，被称为“水中狼族”。

逆水速度

逆水速度 = 船速 − 水速

（顺水速度 + 逆水速度）÷ 2 = 船速

（顺水速度 − 逆水速度）÷ 2 = 水速

超模君和表妹划船在河里航行，船速 3 千米/小时，水速 1 千米/小时，从起点顺流而下行驶了 30 分钟，之后开始返航，他们要花（　）小时才能回到起点。

九

典型
问题

01 用字母表示数：这本书有多少页？

法国数学家韦达是第一个系统地用字母表示数的人，他被称为“代数学之父”。

用字母表示数

字母不仅可以表示数量，还可以表示数量关系。

①字母和数、字母和字母相乘时，可以不写“×”号，也可以用“•”表示。例如：$a \times b$ 可写成 ab 或 $a \cdot b$。

②字母和数字相乘时，如果省略乘号，必须把数字写在字母前面。例如：$2 \times a$ 可写成 $2a$。

假如《阿Q正传》这本书有100页，表妹每天看 a 页（a 不为0），那么（　）天能看完。

02 年龄问题：今年你多少岁了？

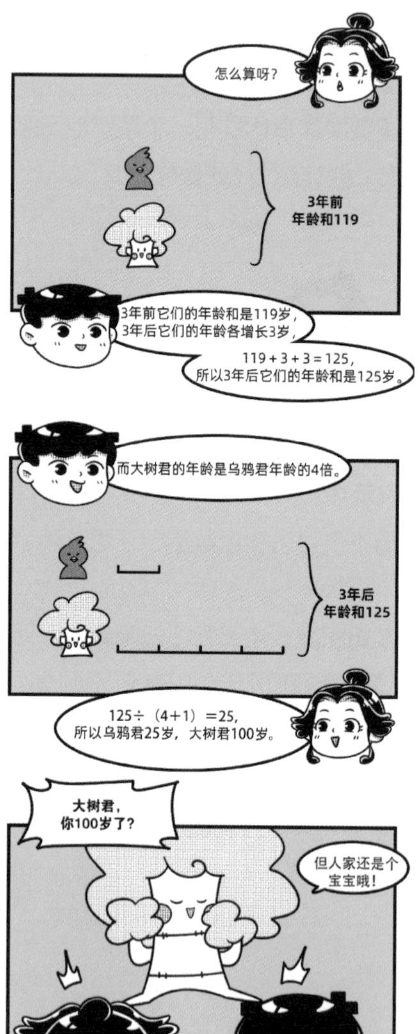

虽然我们算出乌鸦君的年龄是 25 岁，但在现实生活中，乌鸦的寿命远没有那么长。一般来说，野生乌鸦的寿命为 13 年左右。

年龄问题

两人的年龄随着时间的变化，会增加或减少同一个自然数，且两人的年龄差是不会变化的。

表妹今年 8 岁，大树君今年 100 岁，表妹多少岁时，大树君的年龄正好是表妹的 5 倍？

03 盈亏问题：古代的数学是什么样的？

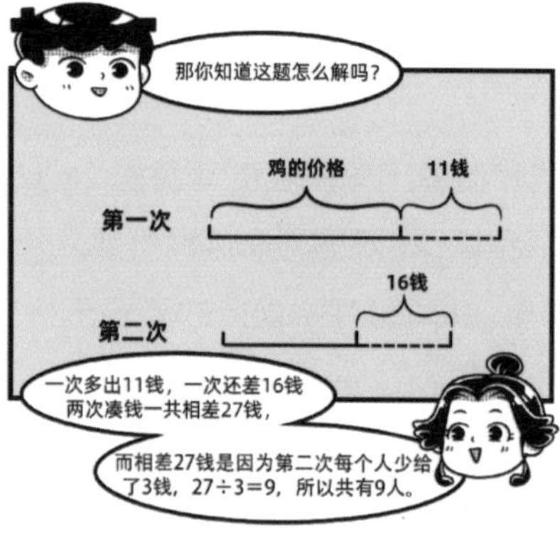

《九章算术》是中国古代的数学专著，它不仅最早提到分数问题，还首先记录了“盈不足”等问题。

盈亏问题

把一定数量的物品，平分给一定数量的人，在两次分配中，一次有余，一次不足，或两次都有余或两次都不足，求解物品数量和人数的问题，就叫盈亏问题。

《九章算术》里有这样一道题：几个人一起买一只狗，每人出 5 钱，还差 90 钱，每人出 50 钱，则刚刚好，买狗的有几个人，这只狗多少钱？

你知道答案吗？

04 还原问题：狼外婆出现了！

真正遇到困难的人并不会主动找小朋友帮忙，尤其是大人遇到困难。因为大人都很难解决的事，小朋友更难解决。

因此，当有大人请求小朋友们帮助他时，尤其是陌生人，小朋友们一定不要轻易相信对方，更不要跟对方离开。

还原问题

已知某未知数经过一定的四则运算后所得的结果，求这个未知数的应用题，叫还原问题。

小红帽表妹买了一袋苹果准备送给外婆，结果超模君误拿了一半，大树君又拿走了剩下的一半，乌鸦君再拿走了剩下的一半，这时候小红帽表妹只剩下一个苹果了。小红帽表妹买苹果花了 8.8 元，平均一个苹果多少钱？

05 植树问题：大树君种大树

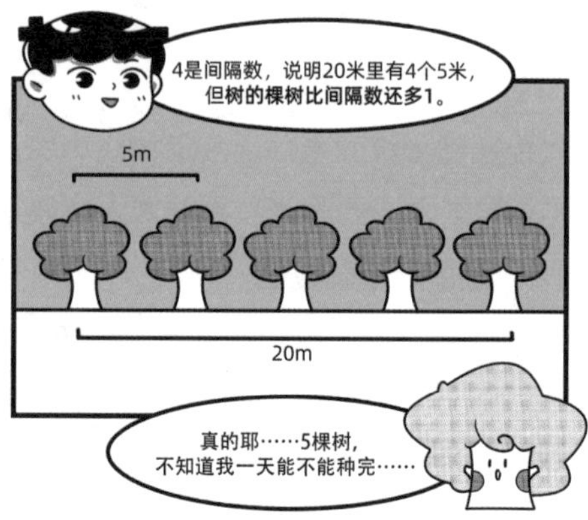

你知道植树节是哪一天吗？

不是所有国家的植树节都在同一天，例如，中国的植树节在每年的 3 月 12 日；意大利的植树节在每年的 11 月 21 日；朝鲜的植树节在每年的 4 月 6 日；印度的植树节在每年 7 月的第一个星期。

植树问题

两端栽树：棵树 = 间隔数 + 1

一端不栽：棵树 = 间隔数

两端不栽：棵树 = 间隔数 − 1

超模君、表妹和大树君一起沿着河流种树，他们在每两棵柳树之间种一棵槐树，一共种了 75 棵柳树，那么他们种了多少棵槐树？

06 归一问题：给游泳池放水要花多长时间？

游泳池有多长呢?

用于正式比赛的游泳池标准为长 50 米，宽 21 米（奥运会世界锦标赛要求宽 25 米），水深大于 1.8 米。还有一种“短池”，长度只有 25 米。

归一问题

已知总数和份数，先求出一份数是多少，再通过一份数求几个一份数是多少，或求总数里包含几个一份数的题目，称为归一问题。

超模君排干净游泳池的水，用塞子堵住出水口再重新放水，已知游泳池的容积是 $450\,m^3$，5 根水管一起放水，一共用了 30 分钟，如果这次只用 3 根水管一起放水，需要多长时间?

07 归总问题：给胖胖送新礼物

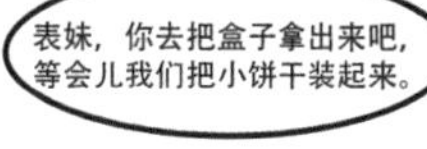

要拿多少个盒子呀？

我们烤了3盘小饼干，
一盘有32块。

一个盒子大概能装8块饼干。

3×32＝96，
我们一共烤了96块饼干。

嘿嘿~
我要把这盒送给胖胖！

19 世纪，英国的航海技术领先世界，在长期的航海中，面包因含较高的水分不适合作为储备粮，而含水分更低的饼干派上了大用场，因此，饼干的制作设备及技术迅速发展起来。

归总问题

先求出总数是多少，再根据总数求出份数或每份是多少的问题，称为归总问题。

除了饼干，超模君和表妹还烤了 4 盘面包，每盘 12 个，他们将面包装进 6 个袋子里，平均每个袋子里装多少个面包？

08 和差问题：和胖胖夹娃娃的一天

超模君说的“借花献佛”是什么意思呢？借花献佛的意思是借用他人的物品待客或送人。

和差问题

已知两个数的和与差，求两个数分别是多少，称为和差问题。

表妹和胖胖今天一共花了 50 元，胖胖花的钱比表妹少 6 元，表妹和胖胖分别花了多少钱？

09 和倍问题：农场里的白兔子和黑兔子

普通的兔兔当然不会戴着拳击手套暴打大树君，实际上，兔子是一种胆小的动物，陌生人或者动物、突然的喧闹声都会使兔子受到惊吓。

当然，这只强悍的兔子保镖不一样。

和倍问题

已知两个数的和与两个数的倍数关系，求这两个数分别是多少，称为和倍问题。

农场里还种了许多果树，一共有 282 棵桃树和梨树，其中桃树比梨树的 2 倍多 12 棵，桃树和梨树分别有多少棵？

10 差倍问题：大树君要被吃啦！

牛可是素食动物，食物范围很广，喜欢吃草，还会吃一些绿色植物或果实，所以大树君要离牛远一点哦。

差倍问题

已知两个数的差和它们的倍数关系，求这两个数分别是多少，称为差倍问题。

农场里的桃树到了结果的季节，王伯将采摘下来的桃子收入甲、乙两个仓库中，甲仓库桃子的重量是乙仓库的 3 倍，如果从甲仓库取出 260 千克桃子，从乙仓库取出 60 千克桃子，则两个仓库的桃子重量相等，甲、乙两个仓库原来各有多少千克桃子？

数学广角

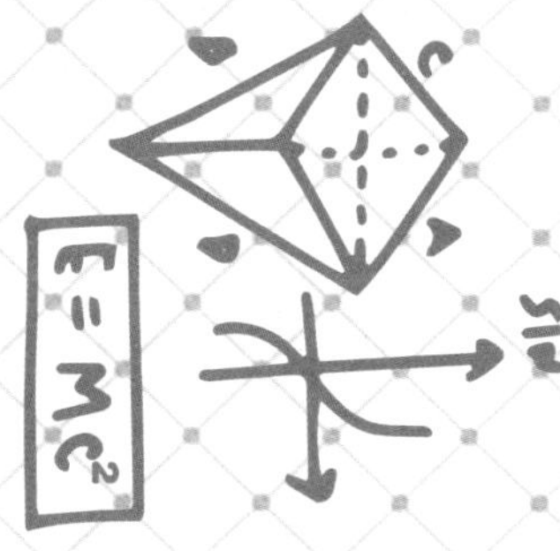

01 优化：田忌赛马

哇！是小马耶！
这是农场养的小马，我们还会举办赛马比赛哦！
赛马比赛？！
对呀，说起赛马，不知道你们有没有听过一个故事。

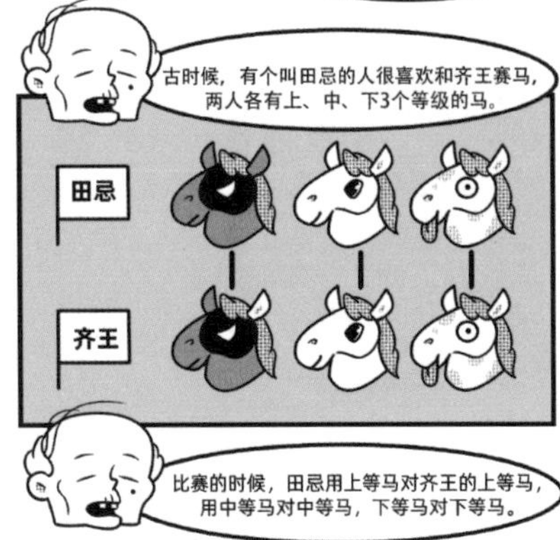
古时候，有个叫田忌的人很喜欢和齐王赛马，两人各有上、中、下3个等级的马。
田忌
齐王
比赛的时候，田忌用上等马对齐王的上等马，用中等马对中等马，下等马对下等马。

虽然两人同等级的马跑得差不多快，但田忌比赛总是输，后来田忌的好朋友孙膑给他出了一个主意，田忌这才赢了比赛。
你知道孙膑的主意是什么吗？
唔……换一匹跑得更快的马？

不是哦！孙膑让田忌赛马的时候，用上等马对齐王的中等马，用中等马对下等马，用下等马对上等马。
这样三局两胜，田忌就赢了！
田忌
齐王
哇！孙膑好聪明哦！

这就体现了“策略”的重要性，观察全局，出奇制胜。
话说你们想骑马吗？
想！

哈哈哈哈，超模君你太重了！
它承受了它这个年纪不该承受的重量……

除了田忌赛马，孙膑与田忌还曾上演过一出“围魏救赵”。

战国时期，魏国军队围攻赵国的都城邯郸，赵国派使者向齐、楚两国求救，于是，齐国派田忌为将、孙膑为军师，率领军队救援赵国。

一开始田忌准备直驱邯郸，但孙膑向田忌建议进军魏国的都城，因为这样魏国的军队必然会放弃围攻赵国回师自救，之后再在路上伏击魏国，魏国必败。

田忌听从了孙膑的建议，果然，魏国战败，齐国胜利，赵国也得救了。

优化

一个问题的答案可能不止一个，而我们可以通过思考，找到这个问题的最优解，这就是数学中的优化。

农场王伯在家里烙饼，烙饼的第一个面需要 2 分钟，烙第二个面只要 1 分钟，王伯的锅一次可以放 2 个饼，如果王伯需要烙 3 个饼，最快多久能烙完？怎么烙？

02 找次品：白胡子老爷爷出现了！

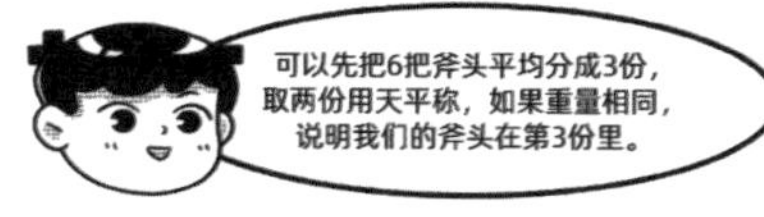

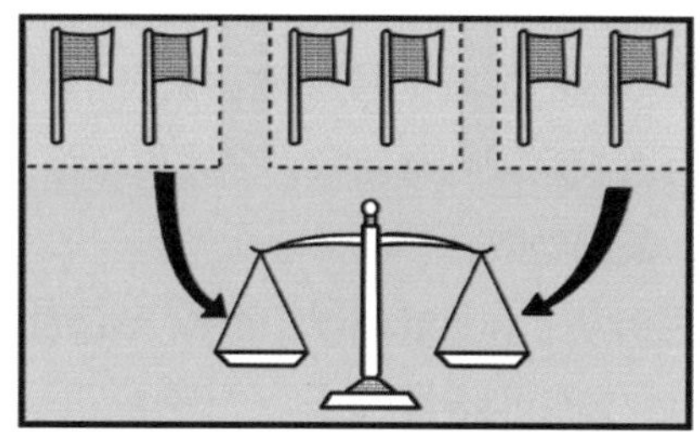

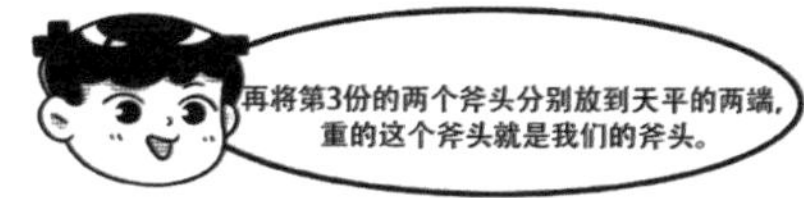

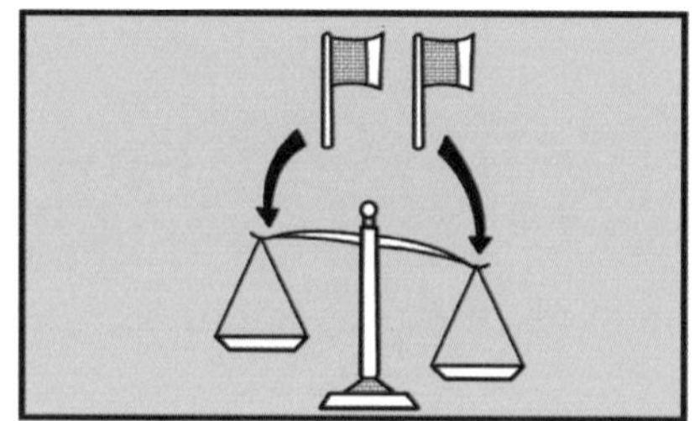

你听过《金斧头、银斧头和铁斧头》的故事吗？

从前有个樵夫上山砍柴，他的铁斧头不小心掉进了河里，樵夫不会游泳，找不回斧头，他难过地哭了起来。

突然，河神出现了，他问樵夫为什么哭，樵夫告诉河神自己的斧头掉进了河里。河神拿出一把金斧头问樵夫这是否是他的斧头，樵夫否认了，过了一会儿，河神拿出一把银斧头问樵夫，樵夫也否认了，最后，河神拿出一把铁斧头问樵夫，樵夫高兴地回答，这就是他的斧头。

最后，河神将这 3 把斧头都送给了这位诚实的樵夫。

找次品

在一些外观相同的物品中，找出一个质量重一些或轻一些的物品，这类问题叫作“找次品”。

“找次品”时，把待检测的物品分成 3 份，尽量平均分，这样检测更快哦。

农场仓库里有 12 筐桃子，其中 11 筐质量相同，有 1 箱质量不足，农场王伯现在需要把这一筐质量不足的桃子找出来，至少称（　　）次一定可以找出这筐桃子。

03 鸡兔同笼：王伯寄来了一头怪兽？

鸡兔同笼是中国古代的数学名题之一，约1500年前的《孙子算经》中，就记录了这个问题。

鸡兔同笼

一个问题可以有很多种解法，解决鸡兔同笼问题就可以用假设法和列表法。

假设法就是大树君所用的方法，先假设笼子里的都是鸡或兔子，再根据多出或少的脚，计算鸡和兔子的数量。

而列表法就是将不同数量的鸡和兔子一一搭配，找出符合题目要求的鸡和兔子的数量。

例如：鸡和兔子加起来一共有8个头，26只脚。那么，我们就可以如表10-1所示进行列表。

表10-1 用列表解决鸡兔同笼问题

鸡/只	8	7	6	5	4	3	2	1	0
兔/只	0	1	2	3	4	5	6	7	8
脚/只	16	18	20	22	24	26	28	30	32

从表10-1中可以得知，只有当鸡有3只，兔子有5只时，脚的数量刚好是26只，而这就是我们所求的答案。

《孙子算经》中有一道题是这样的：今有雉兔同笼，上有三十五头，下有九十四足，问雉兔各几何？

意思是：有一群鸡和兔子在同一个笼子里，从上面数有35个头，从下面数有94只脚，请问笼中鸡和兔子各有几只？

04 找规律：瑟瑟发抖的超模君

人类给自己戴上装饰品可是有很长的历史的。

在原始社会，人类以打猎为生，为了保护自己，避免被猛兽伤害，常常把兽皮、犄角等佩挂在自己的头、胳膊、手腕或脚上，一方面用于保护自己，另一方面是将自己装扮成猎物的同类，用来迷惑猎物。

找规律

图形的规律一般是几个为一组重复出现。

表妹的手链上的珠子是按红、白、蓝的顺序排列的，如果第一颗珠子是红色的，那手链上第 35 颗珠子的颜色是（　）色。

05 集合：一个特殊的盒子

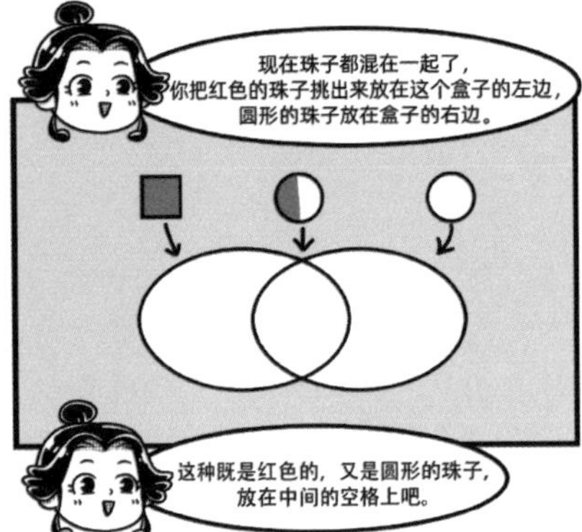

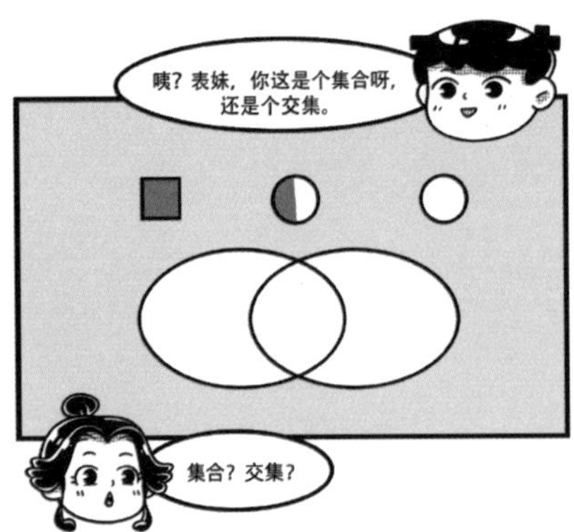

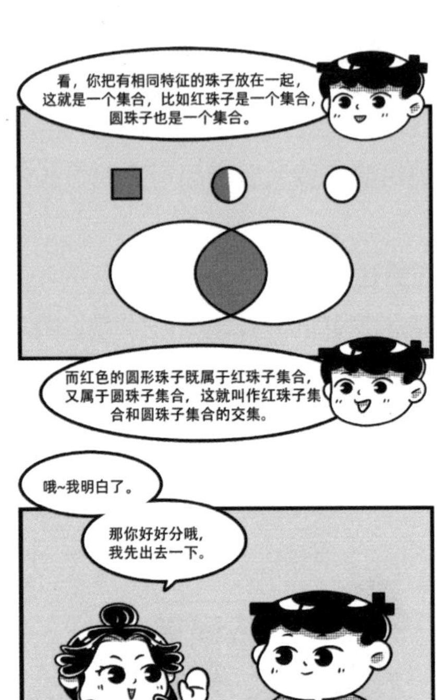

你听过《灰姑娘》的故事吗？

灰姑娘是童话故事《灰姑娘》中的主角，这个故事一开始在欧洲民间广为流传，后来法国作家夏尔·佩罗和德国格林兄弟将这个故事采集编写出来，现在在世界上广泛传播。

集合

将某些确定的、能够区分的对象汇合在一起，使之成为一个整体，这一整体就是集合，集合里的对象称为元素。

集合还有许多分类。

1. 交集。如果有A、B两个集合，那么既属于集合A，又属于集合B的元素组成的集合，就叫集合A和集合B的交集。

2. 并集。如果有A、B两个集合，把A、B两个集合所有的元素合在一起，没有其他元素的集合，就叫集合A和集合B的并集。

超模君和表妹去了动物园，他们在动物园看到了熊猫、长颈鹿、鸭子、鲸鱼、乌龟、鲨鱼、鳄鱼、天鹅、青蛙、猴子、蝴蝶、老虎，你能把它们放到合适的位置上吗？

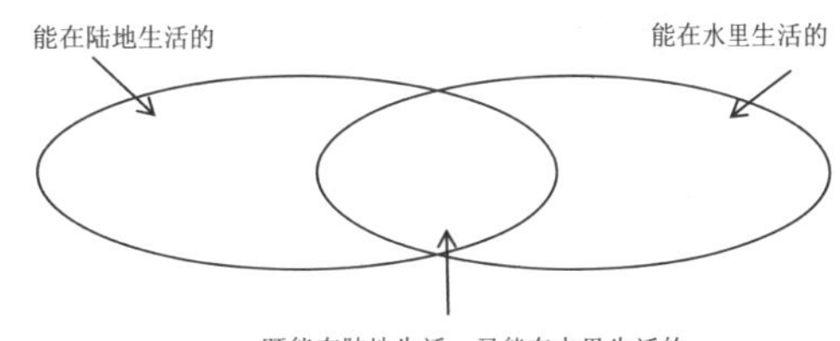

06 容斥原理：盒子里有多少个珠子？

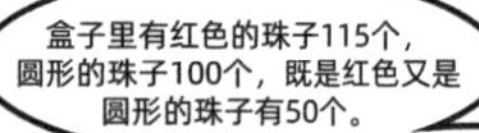

115＋100＋50＝265，
一共有265个。

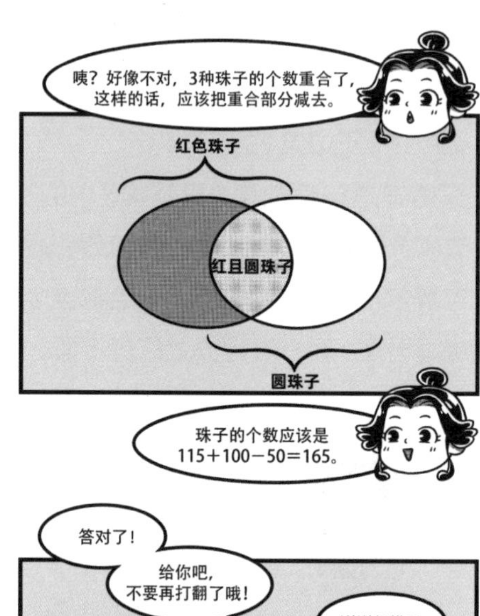

你知道下面这种图形叫什么吗?

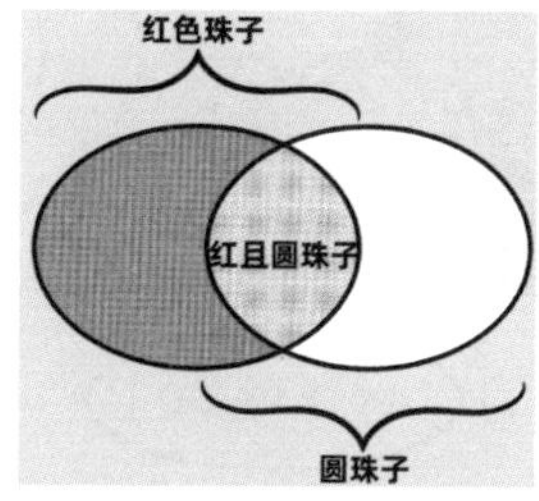

这种在几何中常常出现的图形叫作维恩图（或韦恩图），是 19 世纪英国的数学家约翰·维恩发明的，维恩图常用来展示不同集合之间的关系。

容斥原理

在计数时，为了使重叠部分不被重复计算，容斥原理出现了。容斥原理指的是，先不考虑重复情况，把包含某内容的所有对象的数目计算出来，再把重复计算的数目排斥出去。

如果被计数的事物有 A、B 两类，那么：

A、B 两类元素的个数总和 = A 元素个数 + B 元素个数 − 既是 A 类又是 B 类元素的个数

表妹班级里做了一项统计，发现班级里的人都喜欢看动画片或电影，还有的人两种都喜欢看，喜欢看动画片的有 36 人，喜欢看电影的有 20 人，班级里一共有 50 人，那么两者都喜欢看的有（　）人。

07 推理：谁吃了我的小蛋糕？

蛋糕分为很多种，有一种蛋糕叫“生日蛋糕”，为什么过生日时要吃蛋糕呢?

这是因为中古时期的欧洲人相信，灵魂最容易被恶魔入侵的时间是生日那天，所以在生日当天，亲人朋友都会聚集在一起给过生日的那个人送上祝福，并送蛋糕以带来好运，驱逐恶魔。

推理

根据已知条件，逐步推出结论的过程，称为推理。

大树君把苹果、梨和桃子分给超模君、表妹和乌鸦君。

表妹:“我分到的不是桃子。”

乌鸦君:“我分到的不是梨。”

超模君:“我看到大树君把苹果和桃子分给表妹和乌鸦君了。”

根据你的推理，超模君分到的是（　），表妹分到的是（　），乌鸦君分到的是（　）。

数与形：什么时候才能写完作业呢？

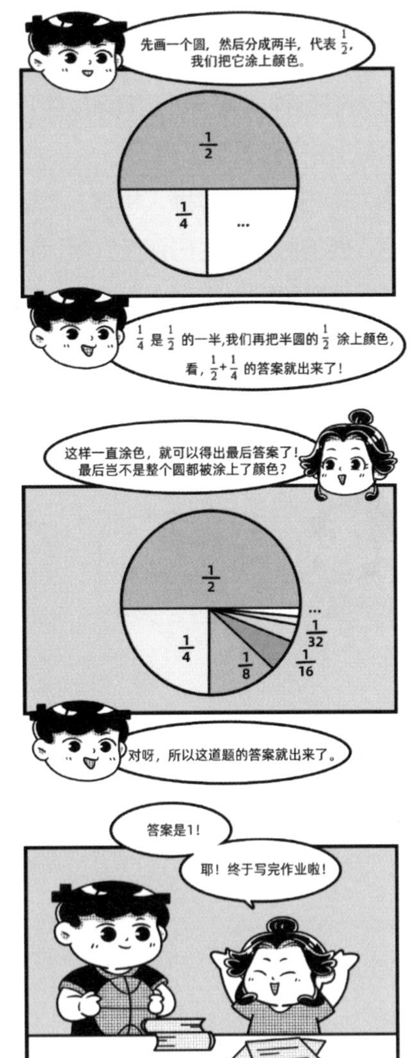

数形结合万般好，隔离分家万事休。

——华罗庚

数与形

数形结合是根据数的结构特征，通过构造出与之相适应的几何图形，并利用图形的特征和规律解决数的问题。

表妹的作业本上还有一道这样的题目，你能帮她解决吗？

观察下图的点阵图，第 10 个点阵图中有（　）个点。

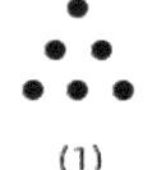
(1)

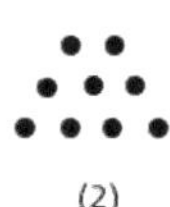
(2)

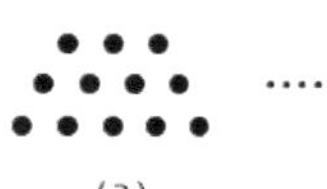
(3)

……

09 搭配：明天早上吃什么？

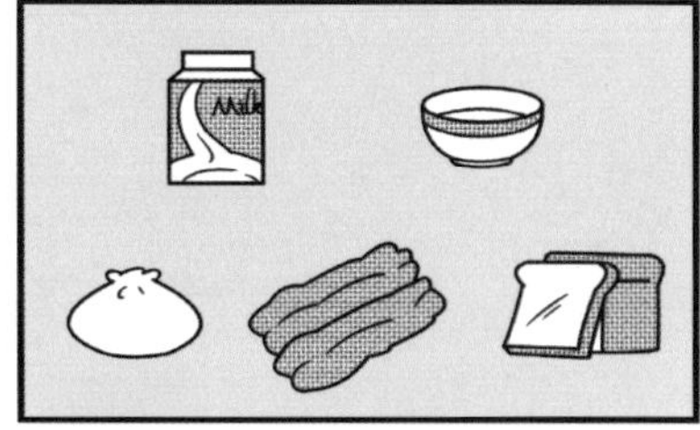

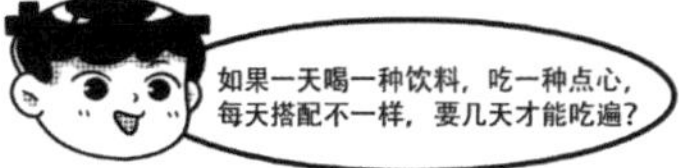

你喜欢喝豆浆吗？

豆浆起源于中国，相传是1900多年前西汉淮南王刘安发明的。后来，他偶尔将石膏点入豆浆之中，豆腐从此问世。

搭配

按一定的顺序搭配，可以做到不重复、不遗漏。

出门吃早餐要穿什么衣服呢？表妹有3件上衣，4条裤子，每件上衣配一条裤子，表妹第二天出门一共有（　）种搭配方式。

10 抽屉原理：一只冒充鸽子的乌鸦君

“抽屉原理”最早由德国数学家狄利克雷提出并运用，因此这个原理又称为“狄利克雷原理”。

抽屉原理

把多于 $n+1$ 个的物体放到 n 个抽屉里，则至少有一个抽屉里的物体个数不少于 2。

一个不透明的箱子里有白色球 3 个，绿色球 4 个，黄色球 5 个，要想取出的球中有 2 个颜色相同，超模君一次最少要取出（　　）个球。

答案

一、生活中的数学

1. 位置：左、下、右、下
2. 观察物体：B
3. 对称：D
4. 平移：略
5. 旋转：摩天轮逆时针旋转，会先到达摩天轮的最高点；顺时针旋转，会先到达最低点。
6. 符号：>、<、<、>
7. 加法和减法：6、24、22、5、3、7
8. 时间：50
9. 平年与闰年：平、润、平
10. 分类与整理：

    方法之一

    一个抽屉放书：《新华字典》《猜谜语》、故事书；

    一个抽屉放学习用品：铅笔、橡皮擦、尺子、蜡笔、作业本、红领巾；

    一个抽屉放玩具：布娃娃、玩具车、弹珠。

    小朋友们也可以用其他方法进行分类哦！

二、数的概念

11. 整数：√、×、√

12. 0：×、√

13. 自然数：√、×、√

14. 正负数：

1月1日	零花钱	+100元
1月8日	买书	−30元
1月15日	买零食	−10元
1月21日	买文具	−5元
1月25日	捐款	−20元
1月27日	零花钱	+10元
	余额	45元

15. 分数：$\frac{2}{10}$（或$\frac{1}{5}$）、$\frac{8}{10}$（或$\frac{4}{5}$）、4

16. 小数：小数

17. 百分数：$\frac{1}{100}$

18. 倍数和因数：第二个完全数是28。

28的因数有1、2、4、7、14、28，而1+2+4+7+14 = 28

19. 奇数和偶数：1、3、5、2、4、6

20. 质数和合数：

10 =（3）+（7）

14 =（3）+（11）

26 =（7）+（19）

46 =（17）+（29）

三、数与计算

21. 质量：0.2、0.05、0.14、1.4

22. 长度：分米（或 dm）、厘米（或 cm）、厘米（或 cm）、米（或 m）

23. 速度：表妹

24. 货币：

买完玩具车后表妹还剩：$10-8=2$（元）

搭配一　两本练习本：$1+1=2$（元）

搭配二　一本练习本+两颗糖果：$1+0.5+0.5=2$（元）

搭配三　一本练习本+一颗糖果+5张卡片$=1+0.5+0.1+0.1+0.1+0.1+0.1=2$（元）

搭配四　……

25. 连加：

$(1+50)\times\frac{50}{2}=1275$　　　　$(1+99)\times\frac{50}{2}=2500$

26. 乘法：

（4）×（3）=（12）　　　　（6）×（4）=（24）

（5）×（7）=（35）　　　　（9）×（9）=（81）

27. 除法：$360\div30=12$（页）

28. 余数：$9\div2=4\cdots1$（颗）

29. 四则运算：

$2\times(7+9)-8=24$　　　　$(7\times7-1)\div2=24$

30. 估算法：

$6.6\approx7$

$7\times6=42$（元）

$42<43$

够

四、平面几何

31. 点线面：1、0

32. 直线、线段、射线：D

33. 角：锐、钝

34. 矩形：

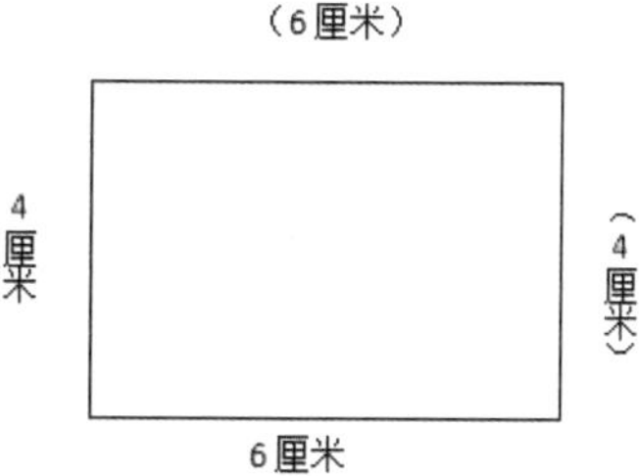

35. 钝角三角形、直角三角形、锐角三角形

36. 平行和垂直

37. 平行四边形和梯形：3、3、5

38. 圆：略

39. 周长：$(35+30)\times 2=130$（cm）

40. 面积：$10\times 5=50$（cm^2）

五、立体几何

41. 圆锥：B

42. 圆柱：①③

43. 长方体和正方体：9、21

44. 立体图形计数：19

45. 展开图：4

46. 矩体表面积：

盒子表面积 $15\times15\times6=1350$（cm^2）

包装纸面积 $40\times40=1600$（cm^2）

$1350<1600$，包装纸够用

47. 矩体体积：

正方体体积 $50\times50\times50=125000$（$cm^3$）

长方体体积 $60\times40\times40=96000$（cm^3）

125000>96000，正方体包裹是表妹的，长方体包裹是超模君的。

48. 圆柱表面积：$50\times80=4000$（cm^2）

49. 圆柱和圆锥体积：B

50. 不规则物体体积：$150\times10=1500$（cm^3）

六、统计与图表

51. 1. 桃子、梨；2.8

52. 1. 睡、发呆、做家务；2. 吃、超模君、乌鸦君；3. 乌鸦君

53. 平均数：（5 + 10 + 16 + 11）÷4 = 10.5（℃）

54. 折线图：9、10

55. 众数：6

56. 扇形图：640、480、160、240、绿

57. 中位数：105、0.66、5.6

58. 可能性：×、√、√

59. 可能性大小：$\frac{1}{6}$、$\frac{5}{6}$、6

60. 公平性：

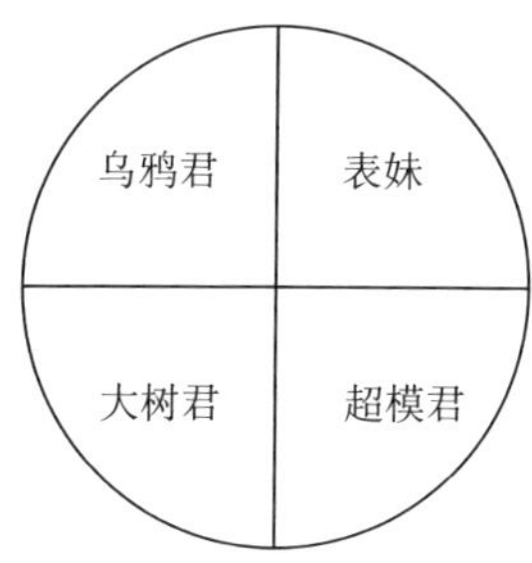

七、金钱问题

61. 折扣：$16.8\times50\%=8.4$（元）

62. 成数：$66+(66\times20\%)=79.2$（元）

63. 利润：

表妹获利为 $25\times20\%=5$（元）

卖给胖胖的价格为 $25+5=30$（元）

标价为 $30\div60\%=50$（元）

64. 税率：51

65. 利息：30000、2700

66. 利率：$30000+30000\times2.59\%\times2$

$=31554$（元）

67. 发芽率：94%

68. 比例：10

69. 正比例：×、×、√

70. 反比例：3

八、行程问题

71. 方向：东、北

72. 比例尺：530

73. 放大与缩小：②④、①③

74. 相遇问题：

$900 \div 3 = 300$（米 / 分钟）

$300 - 60 = 240$（米 / 分钟）

75. 追及问题：$3 \times (150 - 90) = 180$（米）

76. 相背而行：$20 \times (55 + 45) = 2000$（米）

77. 火车过人：$25 \times 56 - 400 = 1000$（米）

78. 流水问题：A

79. 顺水速度：2000

80. 逆水速度：1

九、典型问题

81. 用字母表示数：$\frac{100}{a}$

82. 年龄问题：

大树君年龄是表妹 5 倍时，两人的年龄差为 $100-8=92$（岁）

表妹的年龄是 1 倍，92 岁为剩下的 4 倍：$92\div(5-1)=23$（岁）

83. 盈亏问题：

$90\div(50-5)=2$（人）　　$50\times2=100$（钱）

84. 还原问题：

$1\times2=2$（个）　　$2\times2=4$（个）

$4\times2=8$（个）　　$8.8\div8=1.1$（元）

85. 植树问题：$75-1=74$（棵）

86. 归一问题：

每根管子每分钟放水量为 $450\div5\div30=3$（m^3）

3 根管子放水时间为 $450\div3\div3=50$（分钟）

87. 归总问题：

总面包数为 $4\times12=48$（个）

每个袋子装 $48\div6=8$（个）

88. 和差问题：

表妹花的钱为 $(50+6)\div2=28$（元）

胖胖花的钱为 $50-28=22$（元）

89. 和倍问题：

梨树有 $(282-12)\div(2+1)=90$（棵）

桃树有 $282-90=192$（棵）

90. 差倍问题：

乙仓库有 $(260-60)\div2=100$（千克）

甲仓库有 $100\times3=300$（千克）

十、数学广角

91. 优化：

5 分钟。

前 2 分钟：烙第 1、2 块饼的正面

第 3 分钟：烙第 1 块饼的反面和第 3 块饼的正面

第 4 分钟：烙第 2 块饼的反面和第 3 块饼的正面

第 5 分钟：烙第 3 块饼的反面

92. 找次品：3

93. 鸡兔同笼：

如果全都是鸡，则脚有 $35\times2=70$（只）

脚少了 $94-70=24$（只）

需要多 24 只脚，即兔子有 $24\div2=12$（只）

鸡有 $35-12=23$（只）

94. 找规律：白

95. 集合：

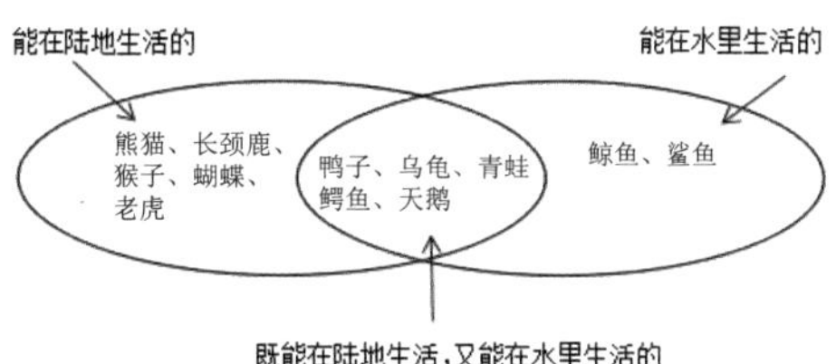

96. 容斥原理：6

97. 推理：梨、苹果、桃子

98. 33

99. 搭配：12

100. 抽屉原理：4

内 容 简 介

《1 分钟数学》是关于儿童数学思维启蒙的漫画故事书，全书以数学科普的视角，讲述超模君和其 8 岁表妹的搞笑日常故事，引导孩子用数学的视角感知世界，让数学概念不再枯燥，培养孩子的数学思维。有趣和有用，正是做数学启蒙内容最重要的元素。在这本书中，小朋友将会学习到生活中的数学、数的概念、数与计算、平面几何、立体几何、统计与图表、金钱问题、行程问题、典型问题和数学广角这 10 大数学体系。

图书在版编目(CIP)数据

1分钟数学 / 超模君，方运加著. —北京：北京大学出版社，2021.9
ISBN 978-7-301-32392-2

Ⅰ. ①1… Ⅱ. ①超… ②方… Ⅲ. ①数学 – 普及读物 Ⅳ. ①O1-49

中国版本图书馆CIP数据核字(2021)第158161号

书　　名　**1分钟数学**
1 FENZHONG SHUXUE
著作责任者　超模君　方运加　著
责 任 编 辑　张云静　刘沈君
标 准 书 号　ISBN 978-7-301-32392-2
出 版 发 行　北京大学出版社
地　　址　北京市海淀区成府路205 号　100871
网　　址　http://www.pup.cn　新浪微博: @ 北京大学出版社
电 子 信 箱　pup7@ pup. cn
电　　话　邮购部 010-62752015　发行部 010-62750672　编辑部 010-62570390
印 刷 者　三河市博文印刷有限公司
经 销 者　新华书店
889毫米×1194毫米　24开本　10印张　252千字
2021年9月第1版　2021年10月第2次印刷
印　　数　6001-10000册
定　　价　69.00元